U0162925

它乡何处？

城市、动物与文学

黄宗洁 著

南京大学出版社

此书中文简体字版由新学林出版股份有限公司授权出版

版权登记号：图字10-2021-58号

图书在版编目（CIP）数据

它乡何处？：城市、动物与文学 / 黄宗洁著. —南京：南京大学
出版社，2022.3

ISBN 978-7-305-25027-9

Ⅰ．①它… Ⅱ．①黄… Ⅲ．①人类－关系－动物－研究 Ⅳ．
①Q958.12

中国版本图书馆CIP数据核字(2021)第196949号

出版发行 南京大学出版社
社　　址 南京市汉口路22号　邮　编 210093
出 版 人 金鑫荣

书　　名 它乡何处？：城市、动物与文学
著　　者 黄宗洁
策 划 人 严搏非
责任编辑 郭艳娟
特约编辑 谢小谢 三三

印　　刷 山东临沂新华印刷物流集团有限责任公司
开　　本 880×1240 1/32　印张 9　字数 208千
版　　次 2022年3月第1版　2022年3月第1次印刷
ISBN 978-7-305-25027-9
定　　价 52.00元

网　　址 http://www.njupco.com
官方微博 http://weibo.com/njupco
官方微信 njupress
销售热线 （025）83594756

版权所有，侵权必究
凡购买南大版图书，如有印装质量问题，请与所购图书销售部门联系调换

目 录

推荐序：悲伤故事的一千零一夜　　　001

自序：让改变的力量，流动到远方　　　006

导论：不得其所的动物　　　013

1 展演动物篇：动物园中的凝视　　　033

2 野生动物篇：一段"划界"的历史　　　053

3 同伴动物篇 I：当人遇见狗　　　077

4 同伴动物篇 II：在野性与驯养之间　　　107

5 经济动物篇：猪狗大不同　　　131

6 实验动物篇：看不见的生命　　　153

7 当代艺术中的动物：伦理的可能　　　175

8 被符号化的动物：动物"变形记"　　　201

9 大众文学中的动物：寻回断裂的连结　　　223

注释　　　244

悲伤故事的一千零一夜

骆以军

这三个月，每天傍晚，都和妻子在大安森林公园绕着外圈走路。晚上的公园，有各式各样的人：有非常专业的跑者；有在一处宽阔地用音响放着拉丁情歌，扭腰摆臀无比妩媚跳着舞的阿婆们；也有遛各式名种犬的老人；遛小孩的年轻母亲；穿着高中制服手牵手的少年少女情侣；儿童游乐区的溜冰场有教练带着一群大大小小的孩子练直排轮溜冰；还有一二极虔诚的妇人，在一尊颇大的白石观音像前祷告；或有南洋女孩看护推着轮椅，上头坐着身形萎缩的老人。说来这晚间的公园，这么多人在运动着，很像一个人世四季轮回、从青春到老去的全景展示。

有几天，连续几天，我们发现一只非常漂亮的黑杂褐色、尖耳、眼上像画了两团黑眉的狗，坐在公共厕所旁的一处灌木丛边，一脸哀伤、惶然，不理会我们这些经过它的人类。妻子说："好可怜啊，应该是和主人走散了，它等在那儿，应该就是当初走散之处，它希望在那儿等着，主人会回来找它。"

但我们无法再收容它啦，我们家的小公寓，已经收养了三只当初领养的米克斯犬，空间的压力已到饱和。怎么办呢？当你没法收容它，只能硬下心走开。第二天再经过时，还是看见它一脸固执地坐那儿等着。妻子说："这应该是遗弃了吧？如果是走失，它主人应该会回来这找它吧？"我们边在公园的红土跑道上走着，边讨论着，不知道自己已被遗弃的等待，真是最悲伤的事。它一定相信那遗弃它的主人会回来，那么精神抖擞地坐在那处等着。

后来几天下了滂沱大雨，我们拿着伞，踩着一摊摊积水仍在公园走路。有点担心那狗，第一圈走到那固定区，发现它不在那位置了。不会是被捕狗队抓走了吧？走第二圈时，发现它在另一处的草丛中。"傻瓜，还淋着雨。"妻子说。我们穿过马路去便利店买了热狗，回到公园，我拿着热狗，踩着草丛的水洼，蹲低身子向它靠近，它警戒地后退弹走。我把热狗捏成小块放地上，慢慢后退离开。妻子说："吃了，它吃了。"

第二个雨天，我们在伞下用眼睛梭巡，看见它在无人的儿童区沙坑上，用前脚哗哗哗挖了个坑。然后突然看见一只大白狗跑来占住那个坑。"天啊，原来它还有同伴。"一旁又有一只比较小的黄狗。我拿热狗靠近时，另两只狗对我较警戒，我有一份心思，把热狗凑近它，希望它吃，但它好像心不在焉，在积水上撒蹄跑起来。那些热狗快被它的同伴吃了。

我对妻子说："往好处想，它有同伴了，不是自己一个孤零零在那等它的主人吧？"

我们每天回家，都会告诉两个孩子："今天在公园又遇到那只漂亮黑狗，我们又跑去便利店买一种密封包的肉肠，买了三条，分给它和它的老大和同伴吃啊，后来经过垃圾桶，爸爸把那些塑胶封袋扔了，不料顺便把我买的十注大乐透彩券也丢啦，或许本来这次会中头奖啊，但算了，爸爸也不想再冒雨去公园里翻垃圾桶啦。"如此这般，每天都有关于公园那只狗的情节新进度。直到前几天，雨实在太大了，我们有三天没出去走，等天晴再走去公园时，运动人群仍然熙攘，但怎么样也找不到那狗了。也许是终于被捕狗队抓走了？也许像草原上迁徙的野生动物，一整群离开这公园，往城市的另一个地方流浪了？妻说或是被好心人收养了。但回家后，孩子们问起公园那只小狗呢，我们讪讪地无法回答。

我想，这个经验，只是一般的、对流浪狗的心中的不忍。我是在几年前，在脸书（Facebook）看到一位叫"丸子"的女孩上传的四只小狗儿，它们在收容所，第二天将被处死焚化，我一个不忍，决定收养，在这之后才认识包括"丸子"和她的老师黄宗慧、黄宗洁姊妹（后来我也成了她们脸书的读者）这些多年默默付出的动物保护者，我才破碎片段地理解，要和这个对屠杀动物习以为常的社会或文明交涉，指出其不义或扩大对他者痛苦的感受想象力，这是多么艰难巨大的行动。它牵涉哲学、生命伦理、法令，以及城市人习惯清除其他动物、将其空间掠夺、在人们看不见的场所杀死它们、使其不存在的行为。甚至在社会活动领域，这些动保运动者，可能是最弱势，最难引起社会主流关注、同情的一群人。他们关注的动物权，不只这些直观可感的流浪狗、流浪猫之扑杀，也包括实验动物、经济动物最基本的动物权；甚至包括几年前媒体渲染狂犬病，造成人们扑杀想象中具有威胁的野生鼬獾；包括白海豚事件；包括虐猫、虐狗事件同样透过现代媒体传播形式，造成所有旁观者的惊悚；包括更复杂的"零安乐"之后，第一线收容所人员承受不了另一种动物的受苦形式而自杀造成的舆论冲击。人类对动物的杀戮，已远超过狩猎捕食之原始需求，已经被裹挟进现代资本社会、都市化、生态破坏、全球化消费链等种种编织错综的"看不见／不看见之恶"。想要阻止眼见的任一环节对动物的施暴，往往牵一发动全身，极难回溯这整个建构在将动物去感受化、去生存权化、去领域空间化、去尊严化之上的体系。我们这些后来的人，生活在这个体系里，往往缺乏对这个体系在灭绝、伤害、杀戮这个星球在人类之外的动物们，以及所有仍然在继续进行的一切的全景理解。

我深深感受到这种"与人类谋动物生命权"的艰难，置身其中的这些少数又少数的投入者，很像被卷进一个孤独的黑洞，那种心智的损耗和哀伤，外边人真是难以想象。我见过一些为动保意识投入的美好的人，他们常会谴责自己，忧郁、愤怒，人手、资源皆不成比例的稀少，你感觉他们在替这个处处虐杀、侵害的文明噩梦补破网，但根本力不从心。我非常尊敬这些为无法替自己争辩的动物向自己的人类同伴大声疾呼，试图说情、辩论的人。据说"二战"结束后，驻柏林的美军要求当时的德国人分批进电影院观看集中营屠杀的纪录片，有一个现象，电影院所有的观影者都把脸撇开，或低头闭目，心理学认为这是不愿目睹自己的种族所犯的残酷行为。事实上，为无言无声的动物发言，提醒人类同伴扩大自己的感受，体会到动物们在完全无法反抗的杀戮、虐待、剥夺、异化中，那些不可思议的痛苦，这样的说情以及思辨，像在漫漫黑夜中孤独前行，因为不要让自己所在其中的这个文明丧失理解和感受的想象力。

黄宗洁的这本《它乡何处？——城市、动物与文学》，像是关于这个时刻，人站在旷野上，为什么《小王子》里的小狐狸，《一零一忠狗》，《穿靴子的猫》，《天鹅湖》，所有童话故事里的狮子、老虎、大象、长颈鹿、漂亮的飞鸟、海豚、兔子、鹅……所有的动物都不见了？这本书像是悲伤故事的一千零一夜，打开潘多拉之盒，一个抽屉一个抽屉拉开，对动物这个文明久远以来人类的地球伙伴，思索"本来不该弄成这样尸骸遍野、惨酷地狱"，这些动物原本在我们心灵史中，可能有更好的故事。她娓娓道来，一则一则动物的故事，温和但缜密的思辨，而且展列了所有议题延伸的书单。我觉得这是一门现代人（不分大人、小孩）的必修课，我们对动物的真实处境如此无知，但这一切其实可以因一小点滴的愿意理解，而产生极大的进步。这是一本现代人的必读书。

祝福这本书。

自序

让改变的力量，流动到远方

2013 年 7 月，当时还是"狒记者"的《联合报》缤纷版主编小安，以"黑暗系动保姊妹"为主题做了一个访问，当时她问到我们姊妹"动保的起点"是什么，我是这样回答的：

十多年前自己还在国中教书，某天在大雨中看见一只浑身湿透、在淹水的马路和骑楼凹陷处挣扎的白猫。当时我很讶异，水并不深，但它竟爬不上来。后来才听说那只猫那天早上就被车撞了，距离我发现它已经整整一天，竟然都没有人理会。

把它送到医院后，医生说它伤得太重，后脚注定瘫痪，就算救活了也必然送不出，只有安乐死一途。那个年代不像今天能够网络求援或刊登照片征求送养，医生这么说几乎等于宣判死刑，我甚至没有怀疑这是不是唯一的出路，付了该付的费用，就带着抱歉，用逃离般的速度离开兽医院。

那是一只哺乳中的白猫，应该是出来觅食时遭遇车祸，而不知在何处的孩子们恐怕也难逃厄运。让它在又湿又冷的状况下被安乐死，我后来深感后悔，怎么就这样放弃了呢？

遇见那只白猫时，我还在一个无知、凭傻劲和热情做动保的年纪，很多事情没有想那么多，但它让我十几年来都深深后悔着，也让我在后来的路途上一再提醒自己，不要那么轻易放弃。

现在回头看这段叙述，遗憾的心情仍在，当时跑去附近的大楼求助，对方没有纸箱，只给了我一个麻布袋，后来在雨中非常狼狈地用麻布袋把它带上公交车的情景，回忆起来仍如此清晰。但严格来说，那并不真的是我的动保"起点"，如果动保意味着为动物"发声"，那么更遥远的起点应该是小学时，班上同学在午饭时间抓了一只蝴蝶进教室，把蝴蝶弄死了，我非常生气地指责他们并且跑出教室的那一刻吧。当然那个时候的我还不知道，关心动物意味着，日后还会有无数心碎与无力的时刻在等待着我。

在很长一段时间里，做动保是一件非常孤单的事。别人多半只是或善意或嘲讽地说你"有爱心"，真正将其视为一个议题在关心并且愿意付诸行动的人并不多。更不要说如果你在意的是所有动物的遭遇，那世界各地层出不穷的各种生物灭绝、动物被虐待与杀害的新闻，足以让你每天都无法保持太愉悦的心情。在还很年轻的那些日子，去当时数量仍相当有限的动保团体当志工，编辑油印的宣传刊物；放假的时候去动物园门口请游客联署"动保法"；偶尔在报纸上投稿发表对于动物议题的看法，是当时我所能想到的做动保的方法。但是始终觉得无论怎么做，都是不够的。

2013 年狂犬病造成的恐慌，却成为一个意料之外的转折。那是一个黑暗的夏天，动物因为人类对于疾病的恐惧，遭到仇视、抛弃、捕捉与扑杀。各种形式的死亡纷至沓来，基于同样想为动物做一点事的心情，几位志工朋友串连起来，在网络上发起"放它的手在你心上"的活动，集结各界的力量，竟也让许多识与不识的声音产生了共鸣。一连串的巡讲活动与后续网络文章的结集成书，让我相信，改变是有可能发生的，即使只是非常微小的改变，还是可以成为坚持下去的力量。

更重要的是，我逐渐发现，许多人并不见得不愿意关心，而是过去没有理解这一切的管道。虽然近年来环境教育、生态教育看似开始受到重视，但着眼于人与动物关系的讨论其实并不多，除非教师自身对此有一定的概念与关注，否则基础教育中很少有课程可以真正对于动物伦理进行探讨与思辨。一直以来，动物被切割在日常之外，成为少数动物爱好者的"个人嗜好"，对其他人来说，动物既被无视，自然也就无感。因此无论是当初在国中任教，或是后来进入文学系，我始终试图在课程中融入伦理的思考，希望让更多人愿意开始看见、感受，那么改变的力量就有可能如同狂犬病事件时，由众人所累积的小小善意一般，顺着文字与话语，流动到更远的地方。

而这本书，可说是我到目前为止，对于城市中人与动物关系思考的总结与回顾。尽管限于篇幅与各章节必须顾虑到的脉络问题，许多议题无法兼顾而暂时割舍了，例如劳役动物，例如动物路杀，都有待后续更多的讨论；撰写之时最困扰与难过之处更在于，伤害无所不在，动物的相关新闻用层出不穷都不足以形容，每每写完一章，又发生许多应该一并纳入讨论的事件。但我期待这本书可以成为一个思考动物议题的起点，它不会有结束的时候，讨论也就必然持续。

此外，本书书名"它乡何处"既呼应后殖民理论家爱德华·萨义德

（Edward W. Said）的回忆录《乡关何处》（*Out of Place, A Memoir*）[1]，亦指涉女性主义者夏绿蒂·吉尔曼（Charlotte Perkins Gilman）的乌托邦小说《她乡》（*Herland*）。这样的类比呼应并非追求文字上的趣味，而是观察到在文明发展的进程中，拥有权力资源的一方总是倾向于将他者边缘化，因此动物的命运和弱势族裔及女性，确实有许多相似之处。但文明的进步也让悦纳他者的伦理态度逐渐成熟，于是在后殖民与性别研究的领域，我们已看见了不少努力与抗争的成果，唯动物议题仍在边缘等待，因此希望借由此书名，凸显动物他者尚不被重视的处境。必须说明的是，如同英文用 it 作为动物的代称，在简体中文的脉络中，动物也只能用无生命的"它"来进行指涉，有生命的动物因此难与无生命之物区隔，这固然凸显出动物主体性的模糊化，却也可能转化为思考的契机，让我们看见语言如何影响我们的视域，在了解局限的同时，或许也能开启新的视野。

一本书的完成，是无数善意积累的成果。谢谢当初台湾的出版团队，让本书能够从发想进而成形。谢谢兆婷的邀稿，以及新学林出版社的玮峥与琇茹；谢谢三辉图书的责编小谢与编辑团队，促成本书与大陆读者见面，让动物议题有机会打开更多对话空间。在撰写的过程中，我也得到许多师长与亲友的慷慨帮助，谢谢钱永祥老师在动物伦理上的启蒙；谢谢二姊宗慧帮忙阅读本书部分章节并提供意见，大姊宗仪在我校对到头昏眼花的时候，则义不容辞地支援了检查中英文名对照的工作，家人始终是我最重要的支持力量，虽然长大之后，大家总是分不清我们姊妹三个，但爱动物的心确实是一样的。

1　也译作《格格不入》。（本书脚注均为编者注）

谢谢骆以军的序言。每逢有动物议题需要帮忙，骆以军总是情义相挺；谢谢书友兼猫友的时光小美、"动物当代思潮"的宗宪老师和 en，他们不只在每章书稿完成后提供了许多反馈，一路上也为我分担了许多焦虑的心事，能够有一起想着还可以为动物做哪些事的朋友真的很好；谢谢克兰、淳之、小安、凯琳、阿泼，无论是分担令人崩溃的动物新闻，还是一起开心地聊着关于动物的傻话，能够因为动物而相遇的缘分，我很珍惜。也一并谢谢提供台版封面的子维、Jimmy Beunardeau 与屏科大保育类野生动物收容中心，以及所有在成书过程中曾给予我协助的朋友们：婉雯、伟苹、嘉如、宛臻、宛瑄、明益、国伟、室如、珮琪、丽榕老师、怡伶、瑞芸、Chloe、纯宜、诗韵、燕芬、永明、珮怡、叙铭、雨侬、钰洁、祥昱、秀宁和书帆。

无论如何，一直觉得自己很幸运，在生命的不同阶段，都得到许多人的照顾。无论是过去弘道和明志的同事，或是现在东华华文系的大家，都给我许多支持和帮助。我内心十分感谢当初所有在狂犬病事件中参与写文与协助各项志工活动的朋友。有些感谢放在心中，就不一一点名列出，毕竟再写下去就太像得奖感言了。

一本书或一堂课能产生什么影响呢？就像 J. M. 库切（J. M. Coetzee）的《伊丽莎白·科斯特洛》（*Elizabeth Costello*）[1]中，约翰和他推广动保的小说家母亲伊丽莎白的对话：

"妈，你真的相信，上过几堂诗词欣赏课就会关闭屠宰场

1　台湾地区译名为 J. M. 柯慈：《伊丽莎白·卡斯特洛》。（本书中的译文均引自台湾地区译本，但为方便读者理解，遇到两岸译名不一致之处，正文部分改用大陆地区通行译名，尾注部分涉及译文出处之处则保留台湾地区译名。）

吗？"

"不会。"

"那为何还要上诗词欣赏？"

"约翰，我不知道我想做什么，我只是不想静坐着枯等。"

多读几篇小说、散文或几首诗，关闭不了屠宰场，当然也关闭不了收容所或实验室。但因为不想静坐着枯等，因为看见了，知道了，无法泰然处之，所以我们总得做些什么。谢谢所有风雨同路的人，谢谢所有生命中的相遇。

谢谢亲爱的豆豆与鸟弟，你们是我永远的爱与想念。

谨以本书献给我的母亲，虽然她总是无法理解她的女儿为何要把自己的日子过得那么忙，但还是用爱包容了这一切。

黄宗洁

导论

不得其所的动物

城市中的动物身影

2015年5月，在美国旧金山湾区的车底下，出现了一只看上去奄奄一息的小海狮，路人报警并将其送至海洋哺乳动物中心疗养后，所幸并无大碍。但兽医检验时却发现，这只小海狮同年2月间已入住过该中心，当时取名为"垃圾哥"（Rubbish），救援并增重成功后已于3月底野放，想不到才事隔月余，它又形容消瘦地流落街头。

在地球另一端的中国香港，2017年7月间，有登山人士在大屿山引水道旁发现一只体型瘦弱的大理石花色小狐狸，救援后包括渔护署、爱护动物协会、海洋公园等多个单位皆表示无力长期照顾收容，小狐一夜之间顿成"狐球"，不知该何去何从的命运亦引发众多市民关切。[1]

上述两例无论就物种、城市环境与动物落难原因都看似迥异，没有相提并论的理由，但它们指向了同样的问题核心，那就是无论要讨论当代动物的处境，还是人与动物的关系，往往必须回到城市中思考。这其实是个违反过去我们所熟悉的"常识"或"直觉"的选项，因为提到动物，过去多半是放在自然、荒野的脉络之下进行讨论。一直以来，将文化与自然、人与非人动物视为二元对立的两种互斥系统，始终是多数人看待生活世界的主流态度。然而，人与动物关系的改变，其实与都市化的进程息息相关，这是一个持续与自然对话／对抗的过程，因此，若将动物抽离城市的脉络来思考，不仅不符合现实，亦无法真正梳理出人与自然环境之间的复杂互动。

　　无论美国的小海狮或香港的小狐狸，它们同样都出现在某个"不该出现"的错误场所。海狮搁浅是海水暖化、海洋环境劣化影响食物来源所致；而小狐狸无论是人为弃养或走失、逃逸，都与非法买卖及运输野生动物有关。换言之，它们的"不得其所"，推论到最后仍然是人类行为所致。这也是何以在当代人文地理学的反思中，一个很重要的潮流正是重省人与动植物"混杂动态的生命"。如萨拉·沃特莫尔（Sarah Whatmore）所言：

　　　　（过去）动物的地位大多掉落在当代人文地理学与自然地
　　理学的议程外，或者更准确地说，是掉落在这些议程的间隙里。
　　不过，新的"动物地理学"焦点正在浮现，试图证明动物位居一切社会网络中，从野生动物的狩猎旅行，到城市动物园、国际宠物贸易，到工厂养殖，扰乱了我们有关动物在世界里"自然"位置的假设。[2]

本书的核心概念，正是希望指出此种新的"动物地理学"的视野，将眼光放回我们生活的场域，正视动物非但不是少数爱好者才需要关心的对象，更与我们的生活紧密连结，且早已被人类毫无节制与远见的所作所为严重影响与伤害。动物与自然不是框限在电视机里那看似遥远到与我们无关的沙漠或草原，而是就在我们的日常之中。

保罗·波嘉德（Paul Bogard）在《黑夜的终结》（*The End of Night*）[1]一书中，就曾以拉斯维加斯的发展为例，说明城市的开发与快速的变化，如何令原先生活在当地的生物措手不及。文中描述这座世界最明亮的城市，在夜晚会吸引大量的蝙蝠与鸟类，来捕食因为趋光性而飞舞在灯束下的无数昆虫，看似食物不虞匮乏的环境，却是蝙蝠与鸟类改变在栖地觅食的习性，必须耗费体力长途跋涉到市中心的致命陷阱，因为等它们再飞回巢穴时，往往没有足够的食物喂养下一代。他因此回想起自然主义作家埃伦·梅洛伊（Ellen Meloy）笔下，在酒店外被人工火山爆发惊吓，最后误触拉斯维加斯大道旁高压电缆，瞬间变成焦炭的那只母野鸭，并感叹道：

> 这座城市最早的住宅区可以追溯到 1940 年代，比第一家签约设立的赌场更早点亮光线，但在不到人一生的时间内，原

1　台湾地区译名为《夜的尽头》。

本几乎一片漆黑的地方，已经发展成全世界最灯火通明的地方，人口数从 1940 年代的八千多，快速成长到 1960 年代的六万多，再一路成长到如今超过两百万的水平。"欢迎来到拉斯维加斯"的好客标语，不过是 1959 年以后才有的事物。但梅洛伊笔下的母野鸭、盘旋在天际星光里的蝙蝠与鸟类，在这块土地上繁衍多久了？如果以进化论的时间轴来看，它们根本就没机会和拉斯维加斯快速变迁的环境一起演化。[3]

　　人改变与破坏地球的速度太快，快到许多动物的脚步根本来不及跟上。这是何以近年来，许多科学家主张以"人类世"（anthropocene）概念来理解当代人与环境的关系。"人类世"一词的出现，正是因为"许多专家认为地球已被人类改变得面目全非，因而可以认定全新世已经结束，应代之以另一个新的地质世代"[4]。于是尤金·史多谋（Eugene F. Storerme）及保罗·克鲁岑（Paul Crutzen）提出的"人类世"一词逐渐普及，标志着"人类的世代"之来临。不过，即使同样站在同意人类作为已改变地球环境的立场，看待人类世的态度也可能有相当大的差别。由此开展出的一连串讨论中，有两种完全相反的态度，一是认为人类具有创造性的力量，重塑了自然亦将启动一个更好的未来；二是认为人类目前遭逢的环境危机，正说明了"他们其实既不明白，也无法控制大自然，无法掌握复杂的全球变迁，而人类世将人类意图和施为的失败，铭刻进地球的地质和大气之中"[5]。爱德华·威尔森（Edward O. Wilson）在《半个地球》（*Half-Earth*）一书中，对前者所抱持的态度多所批判，黛安娜·阿克曼（Diane Ackerman）[1]《人类时代》（*The Human Age*）一书，亦谈了许多人类行为如何影响生物演化之例——在这个快速变迁的环境中，动物们虽然看似如波嘉德形容的，演化的速度跟不上人类所带来的时间差，必须被动与被迫去面对环境的巨变；但在适应的过程中，人类其实等于介入了动物的筛选机制，只有那些更能应付城市生活的物种与个体，方有可能存活。[6]

问题在于，尽管人类的作为早已改变动物在"自然"中的位置，却又不愿意正视与接纳此一位置的改变。文明越是"进步"，动物与自然越被当成应该驱逐的他者，一旦稍有"越界"之虞，我们便因其所具有的力量、疾病与污秽等可能的威胁而感到惊恐、愤怒。这或许也说明了何以台湾在 2013 年传出鼬獾感染狂犬病的消息时，人们陷入巨大的恐慌，一连串击杀野生动物、弃养同伴动物的事件，在那两个月比病毒蔓延得更加迅速。[7] 换言之，想要维持动物在我们想象中既有"位置"的企图，让人与动物的关系在现代化的过程中产生某种断裂，在城市文明洁净合宜的秩序与逻辑之下，动物被视为一种失序的介入与存在，香港的"未雪"事件亦为一例。

2014 年 8 月间，一只小狗误闯港铁轨道，列车暂停几分钟后驱赶无果，港铁便恢复通车导致狗被撞死，这不只在当时引起众多批评，也成为香港动物权益运动史上的指标事件。韩丽珠据此指出：

> 只有在职责和"正常运作"大于一切的情况下，而群体又把责任摊分，活生生的性命才会成为"异物"，必须把它从路

1　台湾地区译名为黛安·艾克曼。

轨上铲除。"异物"的出现并不是因为人们变得铁石心肠，而是人和人之间，人和外界之间的连结愈来愈薄弱。清晨的鸟鸣、山上的猴子、流浪猫狗、蚊子、树、草、露宿者、低下阶层、吵闹的孩子、反叛的年轻人、示威者、双失青年、不够漂亮的女人、性小众、意见不同的人……才会逐一成为"异物"，给逐离和排挤。

这些被排除、被视为"异物"的动物，在城市逻辑的运作下，何处才是它们得以容身之居所？又该如何才能将这些断裂的连结重新接合？这正是本书所关切的核心命题，亦是选择城市空间作为思考动物议题开端的理由。

动物书写与动物伦理

另一方面，在进入本书的讨论之前，亦有必要简单梳理书中的几个主要概念。兹分述如下：

动物书写

首先需要厘清的是，本书对于文本的选择，并非局限于传统定义下的"动物文学"或"动物小说"。过去所理解的动物文学，多半是指以动物为主角的故事，早期这些故事皆以儿童读物或寓言故事的形式出现，具有高度拟人化的色彩，动物被赋予刻板化的角色形象，与它们本身的特质并无直接相关；其后，厄尼斯特·汤普森·西顿（Ernest Thompson Seton）等人将动物小说带入另一个新局面，《西顿动物记》

（*Wild Animals Have Known*）中不只有鲜明的动物角色如狼王罗伯、乌鸦银斑，故事本身也结合了西顿对动物行为的观察和知识。因此，这类作品已然达到如吴明益所形容的"在科学知识与文学想象之间的'双重接受'"[8]之效果。若以此作为观察其他动物作品的标准，也可发现传统的动物小说似乎总在科学知识和文学想象的光谱两端之间挪移，最糟的状况则是"双重不被接受"——一如这些作品所描述的主角一样，在人类社会中找不到安身之所。

因此，秉持着"双重接受"的态度，本书选择的作品并不局限于文学性强的小说，亦不刻意强调符合科学知识者才纳入讨论，甚至动物也不需要是主角。希望在科学性或文学性之外，亦能兼顾甚至凸显动物之主体性。因此，在本书定义下的动物书写（animal writing），是以动物为主体进行的相关思考与写作。一直以来，动物书写若较偏向生态环境关怀或具有科学知识者，如刘克襄、吴明益、廖鸿基的作品，多半被纳入自然书写的框架中进行讨论，且自然环境又被切割为海洋与陆地，其中以鲸、海豚为主角的创作，就会另列为海洋书写或海洋文学；至于较具有文学或寓言性质的，则会回到传统文学小说的文本分析脉络中。本书希望打破旧有的分类框架，选择以较为广义的方式，将创作中涉及动物议题、动物关怀或可反映人与动物关系者，皆纳入"动物书写"的范畴，因此，就算动物不是主角，或者整部作品涉及动物的比例不高，甚至作者本身不见得是要谈论或反映人与动物的关系，但只要其中的情节内容有助于理解或反思动物伦理议题者，都会纳入讨论。这是何以例如吴明益的《单车失窃记》或 J. K. 罗琳（J. K. Rowling）的《哈利·波特》这些传统上不可能被归类为"动物文学"或"动物小说"的作品，仍在本书的讨论范围之内。

动物权与动物福利

珍·古德（Jane Goodall）曾引用史怀哲（Albert Schweitzer）的名言：
"我们需要一种包括动物在内的无边界的道德"，提醒读者"我们目前对
于动物的道德关注，实在太过于微不足道，而且，还相当令人困惑"。[9]
凯斯·桑斯汀（Cass R. Sunstein）在《剪裁歧见》（*Conspiracy Theories
and Other Dangerous Ideas*）一书中分析了有关动物权利可能引发的各
种争议之后，也曾一针见血地指出："但是既简单又严重的问题是，在
太多时候，动物的利益不曾受到丝毫考虑。"[10]本书立论的基础，在于
我们需要将动物纳入道德考量的范围，亦即以伦理学的角度，重省人对
待动物的方式。而在讨论有关非人类动物之道德地位时，有两种时常被
混淆、却是基于不同甚至相对的哲学观而来的概念，即动物福利（animal
welfare）与动物权利（animal rights）。

动物福利

动物福利的观点，主要是基于效益主义（utilitarianism）[11]的哲学
观，代表人物为杰里米·边沁（Jeremy Bentham）和彼得·辛格（Peter
Singer）。边沁驳斥一般人认为不需将动物列入道德考量的态度，主张"问
题不在于'它们能推理吗'，也不是'它们能说话吗'，而是'它们会感
受到痛苦吗'"[12]。辛格引述边沁的论点后，补充说明虽然边沁于文中使
用了"权利"一词，但他要追求的是平等而非权利，边沁所谈的道德权
利，"实际指的是人和动物在道德上应该获得的保障；可是他的道德论
证真正依赖的支撑，并不在于肯定权利之存在，因为权利的存在本身还
需要靠感受痛苦及快乐的可能性来证明。用他的论证方式，我们可以证

明动物也应该享受平等，却无须陷身在有关权利之终极性质的哲学争议里头"[13]。

至于边沁与辛格所倡议的平等原则，是考量上的平等（equality of consideration），而非待遇上的平等。举例而言，冬天晚上因为不希望孩子受到风寒而给孩子加一床被子和让家里的狗进屋睡觉，虽然对待方式不同，仍可说是基于平等的考量。[14]此外，效益主义既以动物是否能感受痛苦（suffer）作为给予其道德上的平等考量之关键，因此，在效益主义的概念下，人类进行的各种动物利用，都应以产生最少痛苦为着眼点，且将人与动物可能承受的痛苦同样列入考量范围。

值得注意的是，由于动物福利的立论观点，是基于人类不可能完全避免动物利用的前提进行道德考量，因此一般以"动物福利"为倡议目标的立场，多半是指"人道"使用动物，最低限度应禁止"不必要的残忍"[15]。换言之，无论是科学研究、饲养动物作为食物还是将动物作为狩猎的对象，"只要做这些事所产生的整体利益，高于当事动物所承受的伤害"[16]，并符合上述人道标准，效益主义是可以容忍某些动物利用的。

至于何谓人道或考量动物福利，有三种主要的看法：一是强调动物的感觉（feel），因此应免于让动物处于过长与过度的疼痛、恐惧、饥饿等状态，能感受到舒适；二是要满足动物的生物性功能，使其能正常生长和繁衍；三是强调自然的生存方式（natural living），要能生活在合理的自然环境中并发展其天生的适应能力。这三个取向偏重的要点虽有不同，但在评估动物福利的优劣时，都会作为价值判断的标准之一。[17]

动物权利

主张动物权利论的代表人物为汤姆·睿根（Tom Regan），相较于效益主义认为只要人道利用，并且不制造不必要的痛苦，就可以进行有限度的动物利用；权利论则主张，人类使用非人类动物在原则上即属不当，因此探讨什么程度的痛苦和死亡算必要，是未掌握问题核心的讨论。因为既然根本不应该用这些方式使用动物，那么任何程度的痛苦或死亡都属于非必要。[18]也就是说，如果一件事情在根本上是错误的，它就不该有程度上的差异——如果用动物进行致死剂量实验是错误的，这个错误不会因为由使用两百只动物下降为六只就改变。[19]

睿根认为，人与动物关系中真正"根本的错误"不在于动物受到的苦难，而是"将动物视为我们的资源的体制"[20]，在这样的观点下，只是让肉牛有多一点空间，少一点挤在一起的同伴，并不能消除甚至触及这种将动物视为资源的基本错误，因此，若就农场动物的议题而言，它们需要的不是让饲养方式更人性化，而是要完全解构农牧经济体系。[21]

权利论可说是对于伊曼纽尔·康德（Immanuel Kant）道德哲学的扩充，康德批评效益主义的哲学观，认为效益主义的论点若推到极致，那么只要整体利益大于个体，不只动物可以被利用，人也可以被伤害。康德认为，人必须被当成目的本身，而不能仅被当作手段，不论利益多强大，伤害某人来让其他人获得利益必然是错误的。权利论则主张动物也应被当成目的本身。[22]值得注意的是，康德的角度说明了他认为人对动物只具有间接责任（indirect duty），人对动物本身并无亏欠，这些动物本身也不一定应得任何特定的对待，只是人类处理它们的方式必须受到限制；但权利论主张的是人对动物本身有直接的亏欠或责任，也就是直接责任（direct duty）观点，在这点上权利论与动物福利论的态度是一致的，只是在看待动物利用的问题时，权利论主张全面废止（abolition），福利论则支持改革（reform）。[23]

综上所述，可以发现权利论的道德主张其实是陈义甚高的理想，要落实在现实社会中仍有相当的难度，毕竟要全面废除动物利用或农牧经济体系，绝非轻易可达成的目标。因此当代的动物权利运动（animal rights movement）有不少结合了动物权与动物福利的主张，"认为动物权利乃是一种理想事态，唯有不断落实动物福利措施，方能实现。这个混杂的立场——动物权利是长期目标，动物福利则是近期目标——称为'新福利论'（new welfarism）"[24]。对新福利论的倡议者而言，任何运动目标都是渐进式的，亦即，"今天若能争取到较为洁净的笼子，明天才可望争取到空的笼子"[25]。

其他的伦理进路

此外，仍有许多从不同进路思考动物伦理的方式，例如玛莎·努斯鲍姆（Martha C. Nussbaum）[1] 针对西方哲学长期忽视道德情感的状况，重新赋予情感在道德行为中的重要性，主张以能力进路（capabilities approach）考量。生命个体需要一些能力，方能进行其生命所需的各种运作。因此，为了让生命个体能顺利地运作，活得像个生命，其能力应该获得尊重，不可以被剥夺和伤害。换言之，对努斯鲍姆来说，让动物的生命能够顺利运作的前提，就是所谓的"能力"，她列出的能力，就动物而言包括了生命、身体的健康、身体的完整（不受伤害）、感官与反应能力（不被剥夺）、情绪（不经受惊恐与剥夺安适的环境）、与其他动物互动玩耍等合适的生存环境。努斯鲍姆的伦理观特别强调情感的价值，认为人类之所以会具有伦理行为，是因为人有"怜悯之

---

1 台湾地区译名为玛莎·纳斯邦。

情"（compassion）。她主张情感并非一种"非理性的运动"（non-rational movement），相反，情感是具有认知要素的。努斯鲍姆依据亚里士多德（Aristotle）对怜悯之情的解释加以修正，认为怜悯之情具有三个认知要素：(1)"分寸的判断"（the judgment of size）；(2)"非应得的判断"（the judgment of nondesert）；(3)"幸福的判断"（the eudaimonistic judgement）。简言之，怜悯之情成立的条件是，我判断这个对象遭受了严重的苦难；此外，当事者不应承受这样的苦难；第三，我们把受苦者纳入自身生命计划的一部分，当其处境改善时，我们自身也会感受到幸福与满足。[26]努斯鲍姆的伦理观将人作为道德行动者本身的情感能力列入考量，从而让情感与伦理的实践可能打开一个不同的面向。

另一方面，伊曼纽尔·列维纳斯（Emmanuel Levinas）的伦理哲学，则由"脸"（face; visage, 亦有学者译为"面貌"）这个关键字切入，主张人与他者的伦理关系，是由人类的"面貌"所展现的。其实对于动物的面貌是否足以让我们将其纳入伦理关系之中，列维纳斯的答案是相当模棱两可的："我不敢说在什么时候你有权利被称为'面貌'。人类的面貌是完全不同的，而只有在那成立之后我们才发现某只动物的面貌。我不知道一条蛇是否有面貌。"但基本上他仍认为"我们不能完全拒绝动物的面貌。透过面貌我们才了解（譬如说）狗"[27]他曾如此解释伦理的意义：

> 伦理作为第一哲学的三个基本重要概念：存在、空间（地方）和他者（别人）。所谓伦理，就是要漠视自己生物性的存在，超越掠夺空间的欲望，完完全全迎向他者。……游走于我之外的他者，他可能会骚扰我在家的安宁，而我对他却毫无制约的

能力。虽然我对这位陌生人一无所知，但我们之间可以产生一种既非融洽和谐，也不是争斗龃龉的关系。[28]

此处的他者，能否由人类他者延伸为动物他者，从而在人类掠夺空间的欲望中，保留一个不必融洽但也无须争斗的可能？对于当代人与动物争地的紧迫关系，列维纳斯的伦理学，无疑提示了一个可能的方向。

综上所述，无论是睿根追求核心价值探问的权利论；辛格用量化实践的方式进行评估的效益论；努斯鲍姆对"怜悯之情"的重视，在道德行为中赋予情感重要性的主张；或是列维纳斯对于将他者的脸列入伦理考量的价值观，都各有其不容忽略的意义和价值。阿马蒂亚·森（Amartya Kumer Sen）[1] 曾在《正义的理念》（*The Idea of Justice*）一书中引用希拉里·普特南（Hilary Putnam）的看法，强调伦理是一种实践，也因其是一种实践，就不只涉及价值判断，还包括哲学、宗教与对事实的信念。换言之，伦理追求的不是至高无上的绝对真理，而是在现实上可行的方案，因此他建议："涉及现实抉择的实践理性，需要有个框架以对于各种可行方案的正义进行比较，而不是指出一个不可能被超越的、却很可能不存在的情境。"[29] 在面对这些立场各异的伦理观时，这或许是个相当实际且中肯的建议。

章节概述

本书除导论外共分九章，各章皆可单独阅读，然在结构上，又可略分为前六章与后三章两大部分。前六章是以人类对待动物的几种主要形

1　台湾地区译名为阿马蒂亚·库马尔·沈恩。

式与议题进行区隔，分为展演动物、野生动物、同伴动物（狗）、同伴动物（猫）、经济动物与实验动物，又隐含两两一组的关系；后三章则从当代艺术中的动物利用、被符号化的动物变形及大众文学中的动物形象分别进行论述。各章重点略述如下：

第一章将由动物园这个儿时被打造成"快乐天堂"的场域，进行展演动物议题思考。探讨动物园的存在，从过去的娱乐、炫富，转变为现在强调保育与教育的功能，但动物园中实际发生的种种不当饲养与不当接触的案例，又似乎是对于所谓教育功能的反讽；究竟动物园对于民众而言意味着什么？我们想在动物园中看到什么？能看到什么？动物们又是如何看待它们自身的被看待？将于本章进行讨论。

第二章讨论野生动物议题，此章重点在于论述长期以来人想要将动物排除在外的心态，将先从探险家保罗·桐谢吕（Paul Du Chaillu）对大猩猩的追寻故事出发，析论人性与动物性的暧昧界线，以及人们如何试图从中切割出一条泾渭分明的心理界线；其次则以香港野猪为例，说明人与动物在生活空间重叠的情况下产生的冲突；最后则介绍因人类移动或刻意之作为所造成的"外来种"问题及争议。

三、四两章讨论同伴动物议题。第三章先论狗在人类社会中的角色，在人与狗漫长的互动史中，狗如何暧昧地同时具有备受疼爱的宠物、被人厌弃的流浪动物以及可以上桌的食物等多重身份，这些被人主观赋予的不同身份，让狗在不同文化脉络下有何不同的处境，又引起哪些争议；第四章则讨论猫在人与动物互动史中奇妙的特殊待遇，思考人身为"猫奴"背后的可能原因，以及当代城市生活中，猫介于驯养与野性之间的特质，如何让它们在"猫猎人"与"生态杀手"这两个标签之间成为人们又爱又恨的对象；最后则以移动性的概念，寻找一个人与动物空间的跨物种协商之可能。

第五章讨论经济动物。肉食议题似乎总是触碰到我们最敏感的神经，许多时候人们其实并不想知道，食物出现在盘子里之前发生了什么事，因此围绕着经济动物的话题，往往相当快速地就进入人是否应该吃素的道德辩论中，却也可能因此失去了更深入思考经济动物处境的机会。本章将先试着解开肉食何以引发不安的感受的问题；继而思考如何将餐盘前的断裂路程加以连结，让被视为商品的"动物肉身"重新被看见；最后则讨论在气候异变、资源日益匮乏的今日，人们又该如何建立新的饮食伦理观。

第六章讨论实验动物议题，如前所述，本书前六章隐含两两一组的相关性，经济动物与实验动物，皆属动物权益运动中涉及动物数量最多，但相对也较为弱势与边缘的存在。以科学之名是否就代表绝对的正当性？动物利用的界线何在？是本章欲思考的核心问题。本章将先论述早期将动物视为机器的哲学观，如何造成把伦理思考排除在科学实验之外的主流态度；并以亨利·史匹拉（Henry Spira）的动物实验革命为例，对实验动物所牵涉的伦理议题及运动策略进行介绍。

第七章开始，将由文学艺术以及日常生活中的各种动物符号切入观察。先由当代艺术中涉及动物利用的作品进行讨论，保育的考量时常被认为是对艺术自由的干涉，但本章将以若干涉及动物活体使用甚至带有暴力色彩的作品为例，说明伦理与美学之间并非对立，艺术永远可以有不伤害生命的、更有想象力的选择。

第八章则透过艺术与文学中涉及"混种"概念的创作，分析这些形象究竟是古代神话的再现，还是后人类概念中，人机合一的混杂生命样态之呈现？此种混沌的形象如果可以视为动物的"越界"，此种越界的现象又如何与前述人亟欲在动物与人之间划出界线的心态对话？

最后一章则以若干大众文学中的动物形象进行讨论，先由《少年Pi的奇幻漂流》（*Life of Pi*）论述动物在文学中被视为隐喻的传统；再以小说中常见的动物爱好者形象，思考人对动物的情感投射；最后则述及如何以文学为镜，找到重新衔接人与动物断裂连结的方式。

上述各章所讨论之议题，既独立又相关，事实上，它们都与人类看待环境、看待动物与看待自身的方式千丝万缕地纠结在一起。因此，书写动物，就是书写人与自然、人与环境、人与他者的关系。书写动物就是书写人类自身，是理解人与自然命运的途径。被边缘化的动物们，不得其所的命运若要有所改变，还有待更多人愿意了解，无论我们如何在心理上与实际空间上试图划界排除，人与动物都生活在同样的场域，它们不是入侵的他者，而是拥有同一片土地、海洋与天空的存在。我们与它们的命运注定紧密相系。

关于这个议题，你可以阅读下列书籍

〇阿马蒂亚·森（Amartya Kumar Sen）著，王磊译：《正义的理念》。北京：中国人民大学出版社，2013。

〇戴维·乔治·哈斯凯克（David George Haskell）著，朱诗逸译：《树木之歌》。北京：商务印书馆，2020。

〇法兰斯·德瓦尔（Frans de Waal）著，严青译：《万智有灵：超出想象的动物智慧》。长沙：湖南科学技术出版社，2019。

〇哈尔·贺札格（Hal Herzog）著，李奥森译：《为什么狗是宠物？猪是食物？——人类与动物之间的道德难题》。台北：远足文化，2016。

〇休·莱佛士（Hugh Raffles）著，陈荣彬译：《昆虫志：人类学家观看虫虫的 26 种方式》。北京：北京联合出版公司，2019。

○约翰·斯图亚特·穆勒（John Stuart Mill）著，徐大建译：《功利主义》。商务印书馆，2014。

○乔纳森·海特（Jonathan Haidt）著，舒明月、胡晓旭译：《正义之心：为什么人们总是坚持"我对你错"》。杭州：浙江人民出版社，2014。

○乔舒亚·格林（Joshua Greene）著，论璐璐译：《道德部落：情感、理智和冲突背后的心理学》。北京：中信出版社，2016。

○麦可·麦卡锡（Michael McCarthy）著，彭嘉琪、林子扬译：《漫天飞蛾如雪：在自然与人的连结间，寻得心灵的疗愈与喜悦》。台北：八旗文化，2018。

○保罗·克拉克（Paul Cloke）、菲利浦·克朗（Philip Crang）、马克·古德温（Mark Goodwin）著，王志弘等译：《人文地理概论》。台北：巨流出版，2006。

○保罗·波嘉德（Paul Bogard）著，陈以礼译：《黑夜的终结：灯火辉煌的年代，找回对星空的感动》。北京：北京科学技术出版社，2017。

○彼得·辛格（Peter Singer）著，孟祥森、钱永祥译：《动物解放》。北京：光明日报出版社，1999。

○斯蒂芬·平克（Steven Arther Pinker）著，安雯译：《人性中的善良天使：暴力为什么会减少》。北京：中信出版社，2015。

○二犬十一咪策划、访谈，阿离、阿萧撰文：《动物权益志》。香港：生活·读书·新知三联书店，2013。

○汤文舜：《人间等活》。上海：上海三联书店，2016。

○黄宗慧：《以动物为镜：12 堂人与动物关系的生命思辨课》。台北：启动文化，2018。

○陈燕遐、潘淑华：《"它"者再定义：人与动物关系的转变》。香港：生活·读书·新知三联书店，2018。

按：《为什么狗是宠物？猪是食物？》与《动物解放》这两本著作，本书中有多章引用，故仅在本章列为参考书籍，后文不再重复罗列。

1 展演动物 篇

动物园中的凝视

它们为何身在此处?

　　动物园或许是多数都市人接近与"接触"野生动物的第一扇窗,它是校外教学的热门地点,也是许多父母带子女"认识自然"的优先选择。长期以来,动物园亦以保育、教育的功能自居,"快乐天堂"的形象更是深入人心,"大象长长的鼻子正昂扬,全世界都举起了希望……告诉你一个神奇的地方,一个孩子们的快乐天堂",不只是许多人朗朗上口的歌谣,也是一代人的集体记忆与看待动物园的主流态度。

　　但另一方面,无论是各地动物园不当饲养甚至虐待与伤害动物的案例[1],还是游客闯入或掉入园区造成的憾事[2],都让更多人开始重新反省与思考人类圈禁野生动物来娱乐或观赏的意义,并用不同的眼光来看待圈养动物的一生。例如曾于2014年来台举办"人造动物乐园"个展的德国摄影师布列塔·贾钦斯基(Britta Jaschinski),其代表作如《动物之殇》(*Broken Animals*)、《动物园》(*ZOO*)等系列,皆以一系列失去色彩的黑白画面,表现动物园或马戏团中动物孤单的身影或空洞的眼神,借以凸显它们"被囚禁、束缚与被强迫的面貌",以及将动物们"错置在人造环境中的残酷与虚无感"[3]。

　　不过也有更多摄影师，不以强烈抗议意味的方式呈现道德诉求，而是试图让影像本身说话。例如丹尼尔·扎哈罗夫（Daniel Zakharov）的作品《现代荒野》（*Modern Wilderness*），透过高楼、栏杆、围篱为背景的水泥丛林中的动物影像，提醒观者思考圈养动物的相关议题。[4]他强调这些作品并非旨在批评动物园，而是聚焦于动物奇怪与诡异的日常生活[5]，当我们觉得狮子、长颈鹿和背后的高楼格格不入时，也就等于开启了思考"它们为何身在此处"这个问题的可能。有趣的是，这系列作品仍令部分动物园的实务工作者感到不快，认为这些照片会让人觉得"动物好像很无聊，很像囚犯。……（但）没有动物园的话，看过'活生生'动物的人数会非常少，而保育这件事则根本别提了"[6]。

　　前述这段文字或许可以带领我们进入以下的讨论：我们是否真的要看到"活生生"的动物才有可能展开对动物的关心？又是否需要以及为何需要营造动物园是个"快乐天堂"的形象？更核心的问题是：我们想在动物园中看到什么？又能在动物园中看到什么？永无止境的展示，各种不同的立场，要讨论动物园，其实比我们想象中困难。如同汤玛斯·法兰屈（Thomas French）在《动物园的故事》（*Zoo Story*）一书中所言："动物园仿佛是一本人类恐惧和痴迷的大目录，详列各种我们看待动物和看待自身的态度，各种我们不愿面对的内心世界。"[7]但也唯有打开这本恐惧与痴迷的目录，才能直面动物园的前世今生，认真思考动物园的现在与未来。

动物园中的凝视[8]

传统动物园的圈养方式

动物园的前身，原是王公贵族收集珍禽异兽、既为炫富也为娱乐之用的私人展场。动物被迫进行各种搏斗表演，既显现人对自然的宰制与权力，也满足对珍罕之物的好奇心理。至于当代概念的动物园，从启蒙运动时期法国对贵族动物园的抵制开始，动物园先是演变成结合植物园、博物馆的模式，直到19世纪的伦敦，才有了第一个专门展示动物并对大众开放的动物园。[9]此后"大众娱乐和教育功能"成为动物园的主流价值，游客的数量攸关动物园的门票收入，动物园的首要考量，自然落在如何让游客而非生活在其中的动物满意。因此，展场的设计必须让最多的游客可以同时观赏到动物，在这样的状况下，"人的视觉成了设施建设的标准评判准绳。狭小的兽栏和兽笼或许威胁着动物的生理和心理健康，是紧张状态和高死亡率的罪魁祸首，但能确保观众们迅速而又清晰地看到动物"[10]。不仅如此，当时的兽栏往往以圆形或六边形设计，这为动物带来"身陷重围"的焦虑感，却能让更多人在任何角度都可欣赏到动物。

大约在1907年，有些动物园开始了所谓的"哈根贝克革命"，这是动物供应商卡尔·哈根贝克（Carl Hagenbeck）的发明，他在自己的同名动物园内，废除了铁栏杆，改以壕沟分隔展示区，其展示方式是以壕沟分隔场地，来创出有如狮子和羚羊共处般的假象。[11]这种隔离沟因为在视觉上可以更接近"自然实景"，因此颇受欢迎，但对于被圈养的动物而言仍具有潜在的危险性：动物可能会掉入沟内受伤甚至淹死。[12]换言之，壕沟展区其实仍是以游客而非动物为出发点进行的设计，是为了满足人们不愿看到动物被关在笼子或围栏内的心态，所创造出的自然假象。

当然，对于需要票房收入的动物园来说，想要取悦游客亦属理所当然，但是圈养的环境如果纯粹只是考虑"游客想要在什么样的景致中看动物"，那么一切的景观工程终究只是另一种形式的"橱窗设计"罢了。于是，提供给游客的各种"自然"想象——例如兽笼上画的丛林景物，或是种在盆中的棕榈树——在游客看不见的夜间栏舍都不再需要，动物们就只能待在水泥的栏舍或笼中，如同曾任亚利桑那-索诺拉沙漠博物馆（Arizona-Sonora Desert Museum）馆长的大卫·汉卡克斯（David H. Hancocks）于1995年所言："几乎只要你走进动物园的任一个动物休息区，你便会回到1950年或更早的光景。"[13]不幸的是，这段20年前的评论，今时今日尚未"过时"，此种钢筋水泥式的狭小栏舍不但未成历史，更是许多圈养动物终其一生的囚居之所。

当然，各地动物园的状况不一，难以一概而论，若要了解当代动物园圈养动物的状况与问题，摄影师罗晟文于2014年开始展出的作品《白熊计划》，或能成为一个思考的起点。此计划的特殊之处，在于罗晟文选择了单一物种白熊为观察对象，这个物种并非随机选择的，而是基于下列理由：

受圈养的北极熊正站在所有动物园议题的辐辏点上：它们既是"异地动物"，也是"明星动物"，更常常"适应不良"；这些超现实的白熊展示台具体刻划了当代动物园的模糊与矛盾。尽管白熊是动物明星，往往握有优渥资源，但它们适应不良的表征与其所搭配的巨型舞台，不仅让动物园宗旨受到挑战，更使"地景动物园"概念失效。换言之，没有动物园有能力模拟北极熊原始栖地的尺寸和环境，游客永远不会看到冰山与积雪；取而代之，映入眼帘的是草原，泳池，石块假山，彩绘冰山，以及白色油漆。[14]

于是，随着他的脚步，我们将会看到全世界的白熊展场，不只充满了前述各式各样"自欺欺熊"的展场符号和彩绘，诸如塑胶板做成的海豹浮板，或是因为地点在西安就布置成黄土高原情境的白熊展场……更是在在呈现吊诡的"舞台与家的概念之并置（与必然的互斥）"。这些将观景窗中的人和狭小展场中的熊置放于同一画面之中，充满了细节的照片，与他透过长时间的驻点观察，将刻板行为[15]快转压缩成四格影像的"白熊进行曲"[16]，遂共同展示出世界如何在不同的文化脉络下，将动物割离原有的生存空间与脉络，放入动物园这个"现代文明中最早的后现代橱窗"[17]里。

游客想看到什么？

"白熊进行曲"因其快转的特殊影像效果，使得动物的刻板行为看起来格外震撼。讽刺的是，现实环境中许多游客在看到动物来回转圈、反复抓门或是摇摆身体等种种因圈禁产生的刻板行为时，往往以为那是动物"可爱"的表现，甚至动物表演的一部分。换言之，动物园常标举着教育民众的功能和责任，但游客的认知似乎仍停留在过往娱乐功能的想象上，当动物仅被当成展示品或取悦游客的对象时，各种有意无意的动物伤害事件会层出不穷，也就不令人意外。单以已有百年历史的台北市立动物园为例，自 1921 年中秋首次夜间开园，就有各式"余兴节目"如寻宝、烟火、音乐、舞蹈；20 世纪 30 年代更开始安排动物表演如鹦哥斗毒蛇、动物慰灵祭；1941 年尚有猴子着军装骑单车的纪录。战后的动物园，由于大型动物都已于战争期间处死，缺乏猛兽的动物园再度诉诸动物表演来吸引游客，1949 年有龙虎生死斗、阿里山捕获的小熊表演；1952 年小象马兰也加入演出，表演走梅花桩，而此时园方对动物表演的说法则是可"助长动物健康"[18]。

在这样的脉络之下，动物园从一开始给游客的印象，的确就是有各种表演节目的娱乐场所。动物被当成玩物的结果，则是各种不当对待甚至虐待的历史亦与动物园的存在一样悠长。1933 年 7 月发生小扬子鳄才破壳而出就被游客投石砸死的事件[19]；1959 年则有斑马被涂油漆、白鹳被枪杀、喜马拉雅熊被香烟烫伤嘴等案件；还有游客用烟头烫或针刺长颈鹿；狮子的嘴被鞭炮炸伤。20 世纪 70 年代，动物园每逢周一都需要对动物投药以免它们腹泻甚至死亡，因为假日会有大量胡乱喂食的状况出现。[20]

这些案例固然是旧时游客缺乏相关素养所致，然而观诸当代世界各地的动物园，就会发现情况改善的程度恐怕远比想象中来得少。若以"动物园"和"虐死"当关键字，搜寻结果之多将令人讶异。2017 年 3 月，捷克甚至发生三名分别为八岁、六岁、五岁的男童闯入动物园虐死红鹤的新闻。至于鳄鱼被丢石头致死，海龟池被抛掷大量硬币和纸币，海龟不只活动受影响，甚至因误食而丧生……这类事件亦时有所闻。[21] 这不禁令人怀疑，游客进入动物园的目的，难道就是以动物取乐，伤害它们的生命也在所不惜？这岂不是和我们原本认知的"生命教育"功能完全背道而驰？要回答这个问题，我们必须先了解游客的心理，也就是，他们到底想看到什么？

根据 1985 年在摄政公园（The Regent's Park）的一项研究发现，游客在猴笼前的平均观赏时间是 46 秒，在设有 100 个兽笼的博物馆中也只会停留 32 分钟。[22] 换句话说，游客在动物园中真正花在"观看"的时间其实非常有限。在平均一分钟不到的时间内，他们期待的是什么样的观赏经验呢？在旭山动物园工作的坂东元如此表示："极端地说，之前的动物园只要展示动物的样貌就好了。但随着时代进步，一般人在电视与书籍上有更多机会可以看到热带雨林或丛林动物生活的姿态，因此有许多人觉得动物园里的动物'不会动不好玩'、'好臭'、'好无聊'等等。"[23] 那么，哪些动物会令游客感到有趣或可爱？答案是，体型大的动物、年纪小的动物与罕见的动物。根据研究，动物的体型愈大，游客观看的时间就愈长；另一方面，只要围栏里有一只动物宝宝，游客停留在该处的时间就会增加一倍。[24] 至于游客不喜欢某个展场的三个常见原因，则是："没有生命力、不喜欢那种动物以及看不清楚。"[25] 上述研究解释了游客在园中种种脱序行径背后的关键之一，在于他们需要感受到动物"会动"，才会觉得"好玩"。于是自行丢石头、铜板进行"测试"，或由园方安排喂食秀与触摸活动，都成为提高游兴的项目。换言之，如果动物不会（在他们眼前）动，对很多人而言可能就意味着"不具参观价值"。雪莉·特克尔（Sherry Turkle）在《群体性孤独》（*Alone Together*）[1] 这本分析当代人与机器关系的精彩著作中，曾举了一个相当值得深思的例子，作者 14 岁的女儿在参观达尔文特展时，对展场内来自加拉帕戈斯群岛（Galápagos Islands）的象龟端详一阵后说："他们可以用机器动物啊！"她的理由是，如果只是趴在那里一动不动，何必大费周章把乌龟运过来？而且这样想的不只她女儿，不少其他孩子同样表示："以乌龟会做的事情而言，不需要在这里养活的乌龟。"[26] 虽然特克尔提出此例的主要目的在于忧心真实性的意义是否在机器时代已然稀释到没人在乎，但她于书中引用的发展心理学家让·皮亚杰（Jean Piaget）的观点，亦可作为我们思考人与动物关系的参考。皮亚杰发现，小孩子用来判断物体是否有生命时，在意的就是会不会动。对年纪还很小的孩子来说，"只要会动的东西都有生命"[27]。虽然随着年纪增长，他们会慢慢调整这过度简化的判断标准，但动物园的情境显示，人们似乎是以退回童年时期的认知模式看待与对待动物。因此，只要动物园无法舍弃喂食表演和触摸亲近的号召模式，各类错误的对待行为显然仍会继续下去，那么所谓的生命教育，恐怕也只是空谈而已。

动物如何看待自己的被看待？

所幸，随着动物福利观念的推动，已有部分动物园逐渐修正过往以取悦游客为唯一前提的做法，开始考虑生活在其中的动物的感受。何曼庄在《大动物园》一书中，曾以伦敦动物园为例，描述这个历史悠久、

---

1 台湾地区译名为雪莉·特克：《在一起孤独》。

饲养动物数量居全世界之冠的动物园，如何不断将各式营销企划推陈出新："其中春夏的夜间活动特别受欢迎，例如在老虎区的草坪上观看蓝光版的《少年 Pi 的奇幻漂流》，为了不让声音惊扰老虎阁下，全场观众每人一台蓝牙耳机，限额售票，入场费二十英镑。"[28] 何曼庄的结论言简意赅："伦敦动物园那些辉煌的'世界第一'里程碑处处都在强调：科学和保育不是请客吃饭。"[29] 正因为不是请客吃饭，那些保育或教育的理念并不见得都是口号，但当动物园毕竟就是一个需要大量经费以及有着营利意图的单位时，它的一切决策，都不可能完全脱离金钱与票房的考量，迎合游客的做法也就成为影响许多动物命运的关键。

但是迎合游客的喜好与考量动物的实际需求，难道一定是互斥的吗？近年来颇受瞩目的北海道旭山动物园，就以其"行动展示"的概念为号召，提供了一种新的思维模式。旭山动物园最核心的展示理念是：希望展场的设计能"引出动物本来的行动，让参观游客看"[30]，至于什么是"动物本来的行动"也就是"接近野生状态，对动物来说为适合居住的环境之意"[31]。例如"对猫科动物来说，睡觉就是它们的工作，所以就让它们能安心地睡觉，并且高明地让参观游客观看"。因此园区内远东豹的兽栏，设计成游客要抬头才能看到上方的豹，因为这对远东豹来说是处于优势的位置，能令它们感到安心；红毛猩猩的"空中放饲场"则是基于红毛猩猩在树上生活，以及不会掉落与不放手的特性，让它们在离地 17 公尺的高度用绳索行走；另外像是企鹅馆 360 度的水中隧道与冬季散步、海豹馆的垂直水柱等[32]，均是话题性与动物习性兼顾的例子。

当然，如果以动物福利的眼光鉴定，旭山动物园的园区展示并不见得都尽如人意，但是旭山在整体展场的设计上最值得肯定之处，在于他们能够脱离传统动物园只在意"游客目光"的立场，把生活在园区中的"动物需求"考虑进去，并力图在本质上看似冲突的两者之间，寻求园区利益与动物福利之间的平衡点。另一方面，旭山亦巧妙地掌握了观看的技巧，将游客的眼光由直接的观赏转变为"搜寻"，除了前述的远东豹之外，"野狼之森"亦是一例，将狼安置在充满矮树丛的展场中，让游客沿着参观路线自行寻找狼迹，如此一来，既能满足环境丰富化的需求，也避开了游客会抱怨"看不到动物"或"找不到动物"的问题。他们甚至让游客在不知不觉中担任起"诱饵"的角色：在北极熊馆，从一楼展场看水池时，人的视线是感觉身在水中，但是"从北极熊的角度看来，刚好人的头颅在水面上出没"[33]。于是人的头颅从北极熊的视角而言，遂具有类似海豹的效果。这些做法是否真能将游客对动物造成的压力转化成助力，或许仍有待评估，但无论如何，旭山的尝试至少提醒了其他动物园，将"动物如何看人"纳入思考，绝对是动物园不容回避的重要议题。

动物如何看人？是过去动物园很少思考的一个问题。生活在野外的动物，通常少有目光接触，因为凝视可能同时意味着挑衅与攻击的前兆，因此"不要盯着动物的眼睛"可能是人与动物接触时的某种野外生存守则。但是对于动物园的动物来说，熙熙攘攘的游客很有可能是它们一成不变的生活中少数的刺激来源之一，游客的目光对动物的意义遂发生了移转。动物如何看游客，以及它们如何看待自己的被看待，甚至可能影响某些动物的生活质量，德国柏林动物园（Berlin Zoo）中的北极熊努特（Knut）就是令人印象深刻的案例。当年柏林动物园费心将努特打造成票房明星，它可说集万千宠爱于一身，风光一时无两，但当努特长大，不再"可爱"之后，游客的热潮迅速消退，不再是众人眼光聚焦之所的努特，竟因此产生了行为问题。德国动物学家彼得·阿拉斯（Peter Arras）说："它是一只问题熊，将来绝对不会交配，而且它已经沉溺于人类的相伴及掌声。如果没有人看它表演，它会嚎哭（从动物园入口处就可听到哭声），只要有观众出现，它就会平静下来，开始表演，就像在马戏团。"[34] 2010 年，《法新社》曾拍到一名六岁小女孩带着北极熊布偶去看它，努特居然隔着玻璃，把脸贴向布偶仿佛寻求温暖，令人相当不忍。[35] 年仅四岁就不明原因猝逝的努特，它的一生不仅说明了游客对于展示动物的身心影响可能超乎想象，更提醒了我们，在动物园中人与动物的凝视／被凝视，是何其重要的一件事。

如果以为，动物无法适应被圈禁的生活，只是因为它们之前不曾被人豢养，就太简化了动物被迫生活在这个完全脱离它们原有世界的环境所遭遇的种种冲击。法兰屈就曾如此描述：

> 用"它们没被圈养过"一语带过是很难形容它们目前的感受的，在这之前它们从没踏入建筑物过，应该说在它们的概念中根本没有所谓建筑物的存在……它们究竟会怎么看待这样一种极端的周遭环境变化？它们内心要做出何种调整才有办法维持其对自我生命形式的认知？……人类爸妈将会背着小朋友们走到它们面前指指点点，学校的孩子也会学到它们的名字，然后对着它们大声叫喊（接着马上就忘记）。但人们却永远不会理解它们原先生存的那片土地，不会明白它们所背负的失落，不会懂得它们内心纠缠的记忆，不会知道它们是承受了多少东西才站在这里——一个动物园的展示区里。[36]

在《动物园的故事》中，法兰屈以美国坦帕市（Tampa）劳瑞公园动物园（Lowry Park Zoo）里几只"明星动物"的一生，带领读者深思动物园的种种矛盾。黑猩猩赫尔曼（Herman）的母亲被猎杀，自己则差点被当成野味卖掉，虽然幸运获救，但被当成宠物饲养的早期人类家庭生活经验让它终其一生都无法认为黑猩猩是自己的"同类"并与之交配，"虽然生活四周都是黑猩猩，但赫尔曼的内心深处却和它们有着隔阂"[37]；同样出生在动物园，从小被人喂养长大的老虎恩夏娜（Enshala），却未长成温驯的大猫，相反地，就算以野生老虎的标准，她凶悍的程度亦不遑多让。恩夏娜最后因动物园管理不善、人力不足的人为疏忽，离开自己的虎栏而遭到枪杀。

无论是恩夏娜、赫尔曼、努特，或是前述种种动物园的案例，仿佛都说明了对动物而言，在动物园内保有自己的动物性是不被允许的，但如果保有的是对人的亲近性与渴望，它们的日子也并不会因此比较好过。动物园中的动物，是某种介于野性与文明之间暧昧的存在，它们不再属于自然，只能有条件地在城市文明所允许的范围内，以人们想象和期待的形象出现。而这样的形象，几乎必然是失焦的。如同约翰·伯格（John Berger）所言，游客去动物园看动物，基本上和画廊内的观众一幅幅地看画没什么两样，但是"动物园内的视点总是错误的，如同一张没有对准焦距的相片。……不管你如何看待这些动物，你所看到的只是一种已完全被边缘化的东西"[38]。伯格此处所指的边缘化，意味着动物园中的动物只能处于前述种种人造的生存空间中，不论是假树或枯枝，都只是如同剧院中小道具般的象征物而已。它们的生活环境基本上就是虚构的，在这样的状况下，动物们的反应和行径自然也产生了改变，"除了它们自身的倦怠无力或过度旺盛的活力之外，已经没有什么东西环绕在它们四周"[39]。一如何曼庄形容长春动植物公园猛兽区的状况：

> 新建的高台步道，让人居高临下观赏老虎和黑熊过着俏皮的家居生活，走道尽头还有圆形广场让人与老虎隔着强化玻璃同高对望，巨大的成年老虎端坐在柔软厚实的草木上，不一会便像只猫一般地呼呼睡去。无论狮虎熊豹，在长期的圈养之下都会失去野性，即便是剽悍的东北品种也是一样，它会忘记猎食的技巧、生存的本能，它会习惯住在固定供食的围栏内。[40]

如果对比约翰·维扬（John Vaillant）那本惊心动魄、充满力量又令人感慨不已，描述人虎冲突的《复仇与求生》（*The Tiger*），书中东北虎的形象集美丽、神秘、优雅、智慧与力量于一身，它们如暗夜般静默，却又可以发出让大地震动的怒吼；何曼庄笔下这群软绵绵懒洋洋的大猫，以及让游客抱在手上当成绒毛玩具般合照的小老虎，可能很难让人联想到是同一种生物。因为它们如果"不自量力"地试图保有与生俱来的野性，只会落得如同恩夏娜一般的下场。[41]

在"活生生的动物"与不见容的野性之间

至此，我们来到了动物园最根本的矛盾之处：我们希望看到"活生生"的野生动物，所以动物必须会动、会进食，甚至会"猎食"[42]，来满足这种野性与亲近的想象；但前提是这样的美必须建立在安全距离之外，只要这个界线稍微遭到挑战与破坏，甚至只是基于"可能"的破坏，"动物处分"都是必然的结局。除了前述游客闯入兽栏或动物逃逸事件之外，战争中的动物园是最典型的例子。改编自真实事件的电影《大象花子》，就描述了日本的动物园如何因战争执行动物处分的故事。至于台北市立动物园，也同样在"二战"期间以"为时局舍身"的名义，于1943年12月27日开始处分动物，依序为熊、狮、虎、豹，皆以电击突刺脸部方式电毙。当时逃过一劫的，只有被视为贵重资产的动物明星红毛猩猩一郎和大象玛小姐，蟒蛇、鳄鱼则因仍在冬眠中暂不处理。[43] 然而所谓的"为时局舍身"，说穿了不过是担心如果空袭等战争中的不确定因素，让动物园中的动物逃逸，会对人造成威胁罢了。由此看来，伯格以博物馆观画的经验形容动物园中的凝视，实有其准确之处，我们对动物的"野性之美"的赞叹，只有在"画框"之内方能成立，一旦溢出此框架，动物就会立刻变回危险而需要移除的存在──无论它们是否造成了确实的威胁。[44]

但是今时今日，对于这些并不适合豢养的大型野生动物而言，最艰难与吊诡的处境莫过于，野外甚至也已经没有它们的容身之处。如同史蒂夫·贝克（Steve Baker）从另一种角度对动物园中凝视的思考，不同于伯格将动物园中的动物视为处在边缘，换言之，边缘之外仍拥有"真实"的空间。贝克虽然同样认为动物园的访客只是用自己的凝视把动物框限住，但他并不像伯格般相信动物拥有某种"应该被看待的真实样貌"。他认为凡是主张"让动物以它们应该被看待的样子"出现的人，都忽略了我们和动物的关系早已受到历史和文化等因素的制约，所以并没有所谓关于动物的正确形象存在，也不应该再用某一套视觉的强制律令（visual imperative）垄断我们对动物的看法，因为那些较正面或美丽的形象（例如动物身在栖地的美丽照片），也可能只是某种对大自然的浪漫化或美学化的想象。亦即，他并不认为还有某种可供回归的"浪漫美丽"的自然存在。[45]贝克的观点无疑指向了当下的现实:伊甸园不再。

《动物园的故事》一书的开场，正是一群搭乘飞机的大象。这些数量已经越来越少的动物，在它们的原始栖地却被认为必须进行"数量控制"：由于空间不足，加上大象对树木造成的破坏威胁到其他动物的生存，严重的盗猎问题又让它们在非洲几乎无处可去，就算是所谓的保护区，也仍然"受限于人类划定的界限，受限于人类自身的需求，受限于人类定义的规则"[46]，因此这群大象只剩下被杀掉和送去动物园这两条路。雪上加霜的是，在野外被视为"数量过剩"的动物，到了动物园，还可能面临"基因过剩"的遭遇。2014年2月，丹麦哥本哈根动物园（Copenhagen Zoo）公开处死18个月大的长颈鹿马略（Marius）引发全球关注与争议，理由就是"基因过剩"。由于哥本哈根动物园参与了欧洲动物园及水族联盟（EAZA）的长颈鹿复育计划，而马略所属的亚种在联盟动物园中数量已经饱和，为避免近亲繁殖，以及进入繁殖期的公长颈鹿打斗，唯一的出路是将马略交由非联盟动物园饲养，但最终并未洽谈成功，于是园方决定将马略处死。[47]

其实马略的遭遇并非特例，而是欧洲许多动物园中的常态，隔年丹麦欧登赛动物园（Odense Zoo）亦以基因过剩的理由杀死一只九个月大的母狮[48]；挪威克里斯蒂安桑动物园（Kristiansand Zoo）则将数量过多的斑马安乐死后喂食园内老虎。[49]但这些事件同样也无一例外地引发了众多有关科学、保育、伦理与教育等不同立场与观点的争议。无论动物园如何强调弱肉强食的法则，以及动物繁殖的天性不该被抹杀，故而宁愿让它们繁殖后再将"多余的"幼崽安乐死，这些都是人为选择的结果，而非理所当然的标准答案。如同何曼庄在《大动物园》中所提醒的，这是"人为重建的自然食物链"[50]，而"当'基因过剩'成为杀戮的正当理由，动物园原本很脆弱的立足点也就开始动摇"。[51]这些案例在在提醒与挑战了我们原本对动物园的认知。如果坚持"亲近才能理解"，或许太过简化了我们在动物园中所想象的人与动物"亲密接触"背后要付出的代价。

将动物园视为纪念碑

动物园是否可以作为反省人与动物关系的起点？答案自然是肯定的。但它并非建立在动物园的存在本身上，更不是一味将所有动物园合理化为保育或教育的场所就可以解决。动物园具体而微地呈现出人如何看待动物与自然，以及其中既想亲近又想征服的矛盾心理。当这些原本属于自然的野生动物已经因为各种理由进入了我们的生活场域，在"事已至此"的状况下，如何找出顾及现存之圈养动物的福利，并让民众建立尊重生命而非将其当作玩物的态度，才是动物园的首要任务。毕竟，"动物园不是自然界的一扇窗，它是一座棱镜，我们呈现什么文化，它便折射出什么光芒"[52]。想要亲近与认识动物的渴望，永远不该也不足以作为圈禁动物进行娱乐的理由。

或许今时今日，与其将动物园视为休闲娱乐或教育中心，不如当成一种纪念碑，记下这些动物的曾经存活与即将死去。借用阿尔维托·曼古埃尔（Alberto Manguel）在《意象地图》（*Reading Pictures*）中讨论犹太纪念碑时提醒我们的一段话：

> 一件艺术品必须能使我们不得不走入妥协，不得不正面相向，才能够成为一种促使观者有所领悟的影像；即便不能导引顿悟，至少也应提供一个对话的地方。……每一座真正的纪念

建筑（换言之，每座既是记忆也是内省的纪念建筑）都该在正门上刻下狄德罗小说中一座城堡墙上的字句："我不属于任何人也属于每个人；你进来之前已经在这儿；你离去之后也将留在这儿。"[53]

自然从来不是属于我们的，但我们每个人都是它的一部分。身为游客，我们停留与驻足不过短短数十秒或数分钟，如果说这些被囚禁的生命和灵魂，它们受的苦真能让我们从中学到什么的话，那意义或许不是出现在相遇的那一分钟，而是在我们离去之后，究竟愿意开始为它们做些什么？

相关影片

○《马达加斯加》，埃里克·达尼尔、汤姆·麦格拉思导演，本·斯蒂勒、贾达·萍克·史密斯、大卫·休默、克里斯·洛克主演，2005。

○《大象花子》，山川宏治导演，反町隆史、北村一辉主演，2007。

○《抢救旭山动物园》，津川雅彦导演，岸部一德、柄本明、堀内敬子、六平直政主演，2010。

○《我们买了动物园》，卡梅伦·克罗导演，马特·达蒙、斯嘉丽·约翰逊主演，2011。

○《黑鲸》，加芙列拉·考珀斯维特导演，CNN 纪录片，2013。

○《动物不是娱乐》三部曲，傅翊豪、陈正菁、朱利安·弗塔克导演，台湾动物平权促进会，2015。

○《动物园长的夫人》，妮基·卡罗导演，杰西卡·查斯坦、丹尼尔·布鲁尔主演，2017。

关于这个议题，你可以阅读下列书籍

○班杰明·密（Benjamin Mee）著，杨佳蓉译：《那一年，我们买下了动物园》。台北：三采文化，2010。

○黛安娜·阿克曼（Diane Ackerman）著，梁超群译：《动物园长的夫人》。重庆：重庆大学出版社，2017。

○埃里克·巴拉泰（Eric Baratay）、伊丽莎白·阿杜安·菲吉耶（Elisabeth Hardouin-Fugier）著，乔江涛译：《动物园的历史》。北京：中信出版社，2006。

○杰洛德·杜瑞尔（Gerald Durrell）著，李静宜译：《现代方舟 25 年》。台北：大树文化，1995。

○胡安·加百列·瓦斯奎兹（Juan Gabriel Vásquez）著，叶淑吟译：《听见坠落之声》。台北：新经典文化，2017。

○马克·米歇尔–阿玛德利（Marc Michael-Amadry）著，江蕾译：《第三十街的两匹斑马》。北京：中信出版社，2015。

○汤玛斯·法兰屈（Thomas French）著，郑启承译：《动物园的故事：禁锢的花园》。台中：晨星出版，2013。

○薇琪·柯萝珂（Vicki Croke）著，林秀梅译：《新动物园：在荒野与城市中漂泊的现代方舟》。台北：胡桃木出版，2003。

○原子禅著，黄友玫译：《爱与幸福的动物园：来看旭山动物园奇迹》。台北：漫游者文化，2009。

○何曼庄：《大动物园》。台北：读癖出版，2014。

○吴明益：《单车失窃记》。台北：麦田出版，2015。

○徐圣凯撰述：《台北市立动物园百年史》。台北：台北市立动物园，2014。

○夏夏：《一千年动物园》。台北：玉山社，2011。

2 野生动物 篇

一段『划界』的历史

我们都来自相同的源头

知名纪实摄影师塞巴斯蒂昂·萨尔加多（Sebastiao Salgado）[1] 曾在《重回大地》（*De ma terre à la terre*）一书中述及，2004 年在加拉帕戈斯群岛（Galápagos Islands）拍摄野生动物的经验，如何改变了他对于人与动物关系的看法。当时他看到一只硕大的象龟，立刻拿起相机捕捉镜头，却发现象龟的反应是转身就走，尽管速度不快，但无论如何就是无法好好入镜。这让他反省：如果拍摄的对象是人，我们必然会经过对方同意，为何拍摄动物就不必？于是他开始"角色扮演"，以象龟的姿势、高度、速度来移动，花了一整天的时间才让象龟卸下心防。

这次的经验让他体会到，有别于其他加拉帕戈斯群岛上因为未曾和人接触，所以对人缺乏戒心的动物，象龟的反应背后其实凸显了一段漫长的人与象龟互动的历史。自 18 世纪以来，加拉帕戈斯群岛作为新大陆与欧洲之间的中继站，船员总是在这里活捉象龟，以这种长时间不进

1　台湾地区译名为塞巴斯蒂昂·萨尔卡多。

食仍能存活的动物作为漫长船程的新鲜肉源。因此对象龟来说，人类就是它们生命中唯一的掠食者，这样的遗传记忆经历了两世纪仍然留存在象龟的基因里。由此他发现："并非只有人类具有理性，而是所有物种都具备自成的理性，只是需要花时间去寻找和了解。"[1] 换言之，象龟的反应是基于某种"理性"进行的判断——尽管多数人可能会称之为"本能"，但这个"动物也有理性"的体悟深深影响了他后续进行《创世纪》野生动物摄影计划的基本态度。

其后和一只美洲鬣蜥的相遇，则让萨尔加多将人与动物关系的思考又推进一层：

有一天，看到一只爬行的美洲鬣蜥。这并非少见、极不寻常的事情，也与人类没有特别干系，只是在观察它前足的一只爪子之际，恍惚间，我竟然看见一只中世纪战士的手！而它身上的鳞，则让我联想到锁子甲（一种铠甲），而在锁子甲下方的指头竟然酷似我的指头！当下，我对自己说：这只鬣蜥是我的亲戚。证据就在我眼前，我们都源自相同的细胞……我想要借着"创世纪"呈现蕴藏在生物里所有组成元素的尊贵与美，以及我们都来自相同的源头的事实。[2]

事实上，这样的看法并非独特的创见，早在 1898 年，写下脍炙人口的动物文学经典《西顿动物记》的厄尼斯特·汤普森·西顿就曾说过："我们和野生动物是骨肉之亲。人所有的一切，动物没有一点是没有的，而动物有的一切，人在某个程度上也必然共享。"[3] 只不过无论"相同源头的事实""骨肉之亲"或所谓"动物也有理性"的观点，都是许多人无法接受与承认之事。然而这样的态度却提醒了我们，人与动物之间的界线恐怕并非那么泾渭分明与理所当然。

自孟子那句"人之异于禽兽者几希"的著名探问以来，人类对于画出清楚的"人兽之'辨'"始终有种焦虑与急切。但试图将人性与动物性清楚切割的结果，就是人对于内在与生俱来的动物性产生更多抗拒与恐惧。段义孚（Yi-Fu Tuan）曾在《逃避主义》（*Escapism*）一书中指出人类文化中逃避主义的倾向，而人们最想逃避的对象之一，就是变化无常的自然。因此，对于作为"自然"的身体（身为"动物"的身体），人会竭尽所能想要摆脱或战胜这样的动物性。举例而言，进食与性，都是身体最动物性的需求，把进食变成社交礼仪，或是性压抑与禁欲，就成为人类远离动物性的表现之一。[4] 于是，从内在心理的角度来看，人们将人性与动物性进行区隔；从外在环境来观察，界线的区隔就成为生活空间上的排除。物理距离越远，心理距离也就越大，排除与抗拒遂构筑成一个循环的循环。但另一方面，随着人类过度开发、环境与气候恶化造成的种种连锁效应，野生动物和人的生活场域产生高度重叠，无法真正将动物排除出去的状况让许多冲突随之产生。

因此，本章将分别从这两个方向进行讨论，先透过一段大猩猩发现史，回顾人类想要切割自然与文明、动物性与人性的心理划界；其次则针对生活空间的物理划界进行讨论，思考当代都市中人与动物在生活空间重叠的状况下所产生的种种冲突；以及同样与领域重叠相关，但更为复杂的，因人类移动或刻意引入所造成的"外来种"争议。

心理的划界：野性？人性？

蒙特·瑞尔（Monte Reel）《测量野性的人》（*Between Man and Beast*）一书，以探险家保罗·桐谢吕一生对大猩猩的追寻故事，折射出整个维多利亚时代，包括查尔斯·罗伯特·达尔文（Charles Robert Darwin）、理查德·欧文（Richard Owen）等科学家，看待生物、演化、人与动物界线的不同认知。因此，透过大猩猩的发现故事，我们亦可勾勒出一段人类思考"野性"为何的历史。

这段测量野性的历史，具体而微地展现了人是如何汲汲于在自己与动物之间切割出清楚的疆界。发展出我们如今最熟知的生物分类系统的卡尔·林奈（Carl Linnaeus），虽然将人类与猿类都归为灵长类，但他仍相信人是一种独一无二的动物，因此在写给朋友的信中，表达了某种无奈之情："必须把人类归在灵长类中让我感到不是很舒坦。"[5]其后的几十年间，科学家们始终致力于将人尽可能地和猿类分开，到了19世纪初，人类终于享有一个单独的"目"（order）；但对于分类学系统中，将人类和猿类强行划分成不同类别的方式，欧文认为并不适切，他主张所有的脊椎动物，包括人类在内，都具有"相同组织架构"（unity of organization），再各自以其特殊的方式发展，他接受物种递嬗的观点，但强调无论如何嬗变，都不可能把人猿变成人。有趣的是，对他来说，就算未来人兽之间不再具有明显的分界，但"只有那些不够文明的人才需要担心人和大猩猩之间的相似性"，而且透过他的研究，人脑里的某些结构是人猿所没有的，单凭这一点，人类就值得拥有一个比"目"更高阶的分类位置，应该归在一个完全不同的亚纲[6]；托马斯·亨利·赫胥黎（Thomas Henry Huxley）则挑战了欧文的说法，认为这些大脑结构并非人类所独有，而是所有高等人猿和许多低等猿类都有的。[7]基本上，欧文的看法由于保留了《圣经》中人是独特造物的观念，较符合当时的观点，而达尔文与赫胥黎的演化观则有待更久之后的种种证据，才成为今日多数科学家接受的版本。[8]但是回望这段历史，我们不难发现纠结的核心之一，始终围绕在人要如何将自己与其他动物区隔开来，找出独一无二的人类特质所产生的论辩。

而在这场科学界的角力中，桐谢吕不只扮演着给欧文提供大猩猩标本的重要角色，透过演讲和书写，这位年轻的探险家让大猩猩瞬间成为结合了恐怖、力量、具威胁性却终究要臣服于人类的谜样魅力生物。但他那充满了矛盾的大猩猩叙事，清楚地凸显出划界的焦虑与困惑。他的大猩猩一方面看起来像"来自地狱的怪物"，有时候又像是对于众人误解的澄清[9]，因为他自己同样摇摆于这两种观点之间。不同于可以笃定说出"愚蠢而弱小的野蛮人仍旧可以捕捉到更为蠢笨但力量强大的大猩猩当猎物，这是因为人能够运用其理性，但猎物只有它的本能"[10]的查尔斯·狄更斯，桐谢吕接触大猩猩的时间越长，越觉得它们带来一种"令人不安的熟悉感"，猎杀大猩猩有时甚至让他感觉自己像个"杀人犯"。而察觉人兽之间相似性的念头同样让他不舒服，怀疑是自己"灵魂受到诅咒"使然。[11]于是，对于自己似乎无意之间模糊了人与动物的界线，他渐渐选择坚定立场，对听众宣称"大猩猩和人类这个物种中所有的种族截然不同"[12]。但与此同时，科学界对于自然的探索与论争仍在持续，身处这个看待自然的观点不断遭受新的冲击与挑战的年代，桐谢吕对于探险与猎杀的想法也逐步改变，最终厌倦了猎杀与远征的他，成为孩子们心中说故事的保罗，对后世的丛林冒险小说产生了深远却被世人遗忘的影响。[13]

对桐谢吕来说，人与猩猩的界线，隐微地攸关着对自身身世的认同，他极力隐瞒母亲是混血黑人一事，因为那仍是一个认为黑人演化得比较慢，所以更接近人猿的年代，在美国，"大猩猩"一词更是用来羞辱黑人的用语。[14]他在看待猩猩与人类该如何划界这个问题时，态度上的矛盾与摇摆，背后除了反映那个年代在科学、宗教与社会文化等各种脉络交错下复杂的认知冲击之外，也让我们看到其中人想摆脱及否认"动物性"的内在焦虑。我们距离桐谢吕为了符合他想象中英国上层社会礼仪，而在演讲前阉割猩猩标本（如同前述，这是一个典型的排除动物性的动作）的维多利亚时代已经很久了，但是人性与动物性的冲突从未消失。只不过如今我们面对的具体冲击已然转变为：当猩猩也会使用iPad，我们该如何继续说服自己，人拥有独一无二的大脑与理性？

黛安娜·阿克曼的《人类时代》一书，就以多伦多动物园（Toronto Zoo）中专心玩着iPad的红毛猩猩开场[15]，带领读者一同进入人类世之中我们所塑造出的世界。她提醒我们："你不可能打造大理石或花岗岩的摩天大楼，而不在大自然里创造相对的虚空。"[16]人类活动的影响已然使地球发生了几乎史无前例的巨大变化，自然与非自然的界线混淆亦成必然，只要观察如今生活在我们周遭的物种，就可看出人类世的城市如何严重改变了生物的生活方式与演化方向。阿克曼以《伊索寓言》中

"城市老鼠和乡下老鼠"的故事为例，乡下老鼠说，它宁可每天啃豆子，也不要在城市里过着提心吊胆的日子。当今的城市老鼠的确长出了比它们乡下表亲更大的脑袋，来克服都市生活中无所不在的危险。而且呈现这种差异的不只老鼠，至少有十种生活在都市的物种，包括野鼠、蝙蝠、鼩鼱等都是如此。[17] 此外，由于都市中的噪音，生活在其中的鸟必须越来越早起，于是它们的生理时钟也不断往前提；为了在都市中活下去，有些动物甚至连身体都发生变化，崖燕的翅膀就是一例——内布拉斯加州（State of Nebraska）的崖燕如果要安全地飞过公路，就需要快速穿梭的能力，所以短翼的比较能够生存，这造成都市中的崖燕翅膀越来越短。[18] 对此，阿克曼抛出了一个值得深思的问题："由于我们的科技，乌鸦、崖燕和其他动物以这么快的速度演化，对此我们该有什么看法？它们会不会变成新品种？或者它们只是我们这时代的新市民？"[19]

动物可以成为新市民吗？动物市民（animal citizens）此一概念的出现，显然重新定义了人和城市中动物的关系。但此种新"市民"的生存权和居民权该如何被定义？或者应该先问，它们真的有权利享有所谓的生存权和居住权吗？在许多状况下，答案其实是否定的。

空间的划界：城市文明下的想象地理

尽管阿克曼的《人类时代》提醒我们，人与自然的连结方式已经发生变化，我们需要新的因应模式与相处之道。问题是，并非每个人都能接受自己的生活场域必须也必然和动物共享的事实。于是，这些城市中的动物多半仍被视为不受欢迎的外来者，必须被驱赶甚至消灭。鸽子的处境就是其中最典型的例子。灰鸽在西方的医学与公共卫生论述下，被喻为"有翅膀的老鼠"，但地理学家柯林·杰洛米（Colin Jerolmack）认为，灰鸽本身从未改变过，是人们对于自然—文化界限的"想象地理"改变了。换言之，灰鸽只是出现在"错误"的地方，如果在森林里，没有人会觉得它们恶心，但"穿在脚上的鞋子若出现在餐桌上，便显得令人厌恶"[20]。而所谓"错误"的地点，基本上就是广义的城市空间。

也就是说，对于生活在都市中的野生动物而言，基本上已经没有所谓"正确"的地点可言，在最极端的状况下，它们甚至可能无法想象何谓"天空"。包子逸在《鸽子》一文中，就描述过令她印象深刻的，纽约红色1号线第一百六十八街地铁坑道里，局促地生活着的一群鸽子：

> 它们的家距离地球表面有一段难以飞过的距离，红色1号线特别的深，人必须先搭乘电梯，再穿越C线地铁，沿着楼梯往下走个两层，才能来到最下面的1号线月台，而隧道往北要到两百街左右，往南要到一百二十五街左右，才能来到比较接近地表的地铁站。但是，宛如怪兽般呼啸而过的地铁每三分钟就要辗过隧道一次，如果这些地下鸽子家族真的想过要投奔天空，这几十条街的飞行路线可以说是非常危险。它们所体验到的风速，不但方向固定，而且定时定量。它们所看到的光线，也许是某个旅客身上金属首饰的折射，也许是隧道和车头流泄出来的光，但从来不是来自遥远星球的光芒。[21]

宛如科幻小说场景的画面如此诡异，这些鸽子是如何来到这完全不宜居住的坑道中，却又顽强地生活下来，是个无解的谜。但生物的适应性，在人与动物的生活空间益发重叠的当代都会，不见得会被视为值得欣喜的特质。强大的适应性甚至可能带来心理上与实质上的双重威胁。以心理层面而言，是疫病、空间与脏乱的焦虑，实质威胁则发生在某些"强势外来种"造成的环境失衡。在此先讨论人因心理上的威胁感所采取的种种排除举措，外来种问题将于后文再述。

延续前例，鸽子这种生物可说是最典型的都市动物，更重要的是，看似不可思议的地铁鸽群背后，诉说的正是一段人与鸽子的历史。史提夫·辛克里夫（Steve Hinchliffe）在《城市与自然：亲密的陌生人》一文中，虽然未能直接解开纽约地铁鸽子之谜，却解释了它们何以有能力在这个奇特的地点存活下去：

> 它们（按：指街鸽）是喜爱与喂养鸽群的长期社会史产物，这段历史有助于鸽群适合街道生活，甚而存活于街道底下。野鸽喜好人类事物的本性，使其极易驯养，而驯养的过程又让它们更容易与人类一起生活。……经过好几代选择性的培育，产生了更为友善、较不畏惧人类，对空间的适应也更优于祖先的家鸽。……逃离鸽笼，以街道为家的家鸽，发现它们不仅拥有与生俱来的方向感，更有后天养成的能力，可以记得所见地标的微小细节。因此，街鸽有能力解决野鸽未曾遇过的问题。[22]

这群因为人类驯养而经过数代基因筛选的街鸽，得以顺利适应城市空间的挑战，但它们并未因此取得城市的居住权。尽管在某些地方，鸽子可能被视为城市风景的一部分，但高密度鸽群所制造的鸽粪以及对鸟类传播疾病的恐惧，在在引起人们的焦虑。于是，曾经被视为都市神话的鸽群，瞬间成为需要被移除的"害鸟"，伴随着禽流感等疾病散播的恐慌，禁止喂食鸽子的禁令也就成为许多城市公园中必备的标语。[23]

当然，这段人与鸽子的互动史，不见得可以改变当代社会中的人鸽冲突，但至少对于这些被视为与人"争地"的动物的处境而言，长期遭到遗忘的历史脉络仍有必要被还原。陈嘉铭在《香港，就是欠了"动物史"》[24]一文中，就曾以香港水塘公园一带马骝（猴子）引起的争议为例，指出动物史书写在当代城市中长期被忽视的状况及其重要性。正因为城市的动物历史往往总是只以三言两语带过，如今很少人知道与记得这群马骝，当初原是被殖民政府刻意引入，用来减少有毒植物马钱子对人类的危害。但历史脉络已然被遗忘的此刻，它们遂只成为对游人造成困扰的存在。据此，他引用英国学者埃丽卡·富奇（Erica Fudge）的概念，提出书写动物历史可增进"物种互惠共存的能力"（Interspecies Competence），如此一来，人们对于"闯入"生活场域的各种动物，无论是流浪牛[25]或野猪，或许也较能体认到它们早在许久以前就已在当地生活的事实，透过"认知自然，而重视自然"。

问题在于，当城市人口密度越来越高，活动范围不断拓展，无论是人类刻意移入也好、动物原本就栖居于此也好，到最后它们多半被"一视同仁"地当成入侵者来看待，那条能让动物安生人类安心的界线何在？或者该问的是，"城"与"郊"之间真有界线存在吗？这就成为吊诡的问题。于是，在城市空间越紧迫的区域，人与野生动物生活空间重叠的冲突也就越多。以香港来说，近年发生多起市区野猪引起众人惊惶的事件[26]，最引人注意的莫过于2016年底，两野猪误闯赤鱲角机场停机坪，一只跳海逃生，另一只在机场开车驱赶时先被撞击，再被机场特警压制后，因伤重予以"人道毁灭"。[27]凭着本能游泳来到停机坪的野猪，并不会知道自己就此踏入了死亡陷阱，但它们的命运，却凸显出就算这些动物是土生土长的"原居民"，当地方空间已成为人类改造过的"专属"空间时，它们不是必须置身险境[28]，就是注定成为不合时宜的存在——无论是翻食垃圾或是将高尔夫球场的草皮挖起，都将成为居民投诉的对象。[29]

野猪问题近年在香港引起不少争议与讨论，原因就在于都市居住空间越是压缩，动物的"存在感"就越强，人们发现原来动物不只是到山里才会出现的"野生"动物，而是就在自己身边，受到威胁的感受也就更强烈。张婉雯的小说《打死一头野猪》当中，就将野猪与城市边缘者的处境加以连结，主角的同学阿稔，在某只野猪因误闯马路而被射杀的隔天仿佛也"消失"了，原因是阿稔患精神疾病的父亲同样被警察射杀。[30]于是我们看到，表面上动物因为闯入错误的地方而遭到"移除"，但它们真正跨越的是一条隐形的心理界线，这条心理疆界不同于前述区隔人性与野性的人类自我认同危机，而是来自我们对于文化与自然分野的"想象地理"，来自我们对何谓"生活遭到干扰或威胁"的定义。

但是，都市汇聚了各种不同背景、阶级、文化与族群之人，每个人心理界线的划界方式自然也因其不同的生活方式、文化脉络与道德立场而殊异。理论上来说，城市居民对待"入侵"动物的态度越趋一致，冲突的可能性也就越低。但是在一个社群团体中，势必会有不同的声音存在，因此，最重要的事情并非寻求一个真正的"共识"（因为那样的共识或许根本不存在），而是在面对必然混杂的城市—自然形构时，如何进行某种"跨物种协商折冲"[31]。以野猪为例，如果说"野猪关注组"与"野猪狩猎队"分别代表了动物保护与动物移除的两端，我们会发现介于中间的多数人态度可能是浮动的，他们支持或反对某种对待动物的方式，受到各种变量的影响。举例而言，过去多数居民认为由野猪狩猎队处理入侵野猪乃理所当然，但随着野猪所闯入的"人类空间"越来越接近人口稠密之处，人们基于安全考量，担心在大街上射杀野猪时误伤民众,对于野猪关注组协助介入,进行诱捕后野放的接受度相对提高。[32]换言之，就算人们改变的并非看待野猪本身的态度，而是考量当下各种安全或利益需求之后的结果，也仍然可能让人与动物间逐渐协调出新的因应或相处之道。

香港野猪之例格外值得注意，是因为它提醒了我们，香港这个城市的特殊之处，是由惊人的密度与复杂的地貌两个特色共同构成：

> 无论站在香港的哪个地方，不管是中心街还是边缘的新城，你都可能处在高楼的阴影之中或之间，然而同时只花几分钟便可步行到海边或山脚下，或许多数时候还有山有水。……香港高楼林立的市区和它的生物多样性的情景之间的关联并不总是那么明显或有用，但这两者的共存却是一个被关注得太少的情形。[33]

独特的城市系统使得视而不见无法成为解决与摆脱之道，人们只好直面动物／自然空间存在的事实，从而思考这些"入侵动物"带来的挑战——尤其野猪不同于老鼠或街鸽，可以轻易划分到"害虫"的范畴中，野猪的"野"在在提醒人们，人与野生动物比邻而居的事实。在这样的状况下，"相互承认"与"重新评价"的空间，也就可能在过程中打开，从而形成"都市特有的人类／非人类伦理实践"[34]。

诚然，每个城市都有各自的文化与历史脉络，他山之石未必真能攻玉，但如何看待发展、文明与生活的心态和逻辑往往有着跨文化的共通之处。台湾近年来种种人与野生动物之间的冲突：例如苗栗拓宽道路的工程威胁石虎生存，部分议员和居民却批评怎可"为了保护生态蔑视开发"[35]。柴山猕猴家族被集体毒杀的事件和香港野猪问题的状况固然脉络不同，却同样凸显出人与动物空间重叠的背后，其实与人类世下人类行为造成的各种影响，使得野生动物栖地减少与劣化息息相关。经济开发是不可能将人自外于生态系统，无视对环境的冲击和影响的。各地因其独特的地貌环境、物种分布，要面对的"入侵"物种或有差别，但如何重新思考人与动物、人与环境的关系，是所有人都必须面对的现实。[36]

必须强调的是，这样的伦理实践并非意指乐观的"人与动物和平共处"之想象，而是承认城市作为汇聚不同的人与动物之空间，此一共存的事实，并且体认到面对城市—自然共存的状况，具有多重的回应可能。也正因为回应的可能性不止一种，在考虑人类的生存、安全、便利时，不表示兼顾动物生存的选项就不存在，只是这些选项的前提是，人往往需要"牺牲"一部分的便利，以及改变想要快速解决问题、"眼不见为净"的心态。包子逸《鸽子》一文，就凸显了在直面动物存在的事实时，也必须面对不同道德选择与处理方式背后的冲突。她巨细靡遗地写下主角"阿桂"如何在几种心情中摆荡：觉得鸽鸣扰人清梦的困扰、母亲担忧鸽子传染病菌而要求移除的态度、发现鸽子已经在冷气机下筑巢的不忍、观察窗外小鸽子出世后生命成长变化的喜悦……阿桂最后选择用鸟笼拘禁公鸽两周后野放，并用ＢＢ弹威吓附近鸽子（结果鸽子未受惊吓，反而是对面邻居出来骂人）的方式，或许不见得符合其他人眼中的"安全"或"道德"标准——以担忧鸽子传染病菌的立场而言，这些鸽子未被真正"移除"；以动物福利的眼光来看，ＢＢ枪绝对不会是个好选择，无论是基于威吓或猎杀的目的。但阿桂看似矛盾的种种行为（一方面要驱赶鸽子，一方面又照顾小鸽子，并且在它们不慎滚落时前往救援），以及他选择以如此漫长的过程来处理对他而言造成困扰的鸽子问题，却是一个重要的提醒：前述的"跨物种协商折冲"，正是在这样反复的、看似冲突的各种选项中挪移，而在过程当中，是否愿意用相对比较费事的方法、愿意等待一只小鸽子成长的时间，都可能是城市动物存续与否的关键——很多时候，选项并非不存在，只是人们觉得麻烦而已。

当活下去成为一种罪：回不去的伊甸园

在各种因移动造成生活领域重叠的生存竞争中，外来种的争议或许是其中最为复杂难解的。[37]无论是人类刻意引入某些物种而造成当地生态系统的失衡；或是透过人类移动而"搭便车／船／飞机"来到异地的强势物种；或因走私、饲养、放生之人类不当行为造成外来种的野外繁殖[38]，所有的外来种问题几乎无不与人类行动有关。如同艾伦·柏狄克（Alan Burdick）在《回不去的伊甸园》（*Out of Eden*）中引述海洋学家詹姆斯·T. 卡尔顿（James T. Carlton）的看法："没有一件入侵与人类无关。自然界不会出现欧洲西岸与澳洲东岸的海洋生物交流互换的情形。这样的事情没有为什么，自然界就是不会发生。"[39]这些动物跨越了原本不会跨越的界线，从而造成某些无可挽回的生态冲击。或许很多人会同意，既然是"外来"种，那么在维护本地生态多样性的考量之下，移除是必然也必要的唯一选择，但是，外来种所牵涉的问题可能远比想象中复杂。

柏狄克《回不去的伊甸园》一书，就以棕树蛇（Boiga irregularis）为起点，叙述外来物种进入地方生态系统之后，"生态同质化"（Homogecene）[40]的危机。这种源于澳洲和印尼的蛇，透过人类移动扩散至原先只有钩盲蛇（Braminy blind snake）的关岛和夏威夷，从而对当地的鸟类族群造成巨大的冲击，因为当地"没有任何一种鸟类是因应蛇的存在演化而来"[41]。但是，在面对棕树蛇这种兼具"有力、优雅与效率"[42]的神奇动物时，柏狄克陷入了某种心情上的矛盾，他开始反省：

> 划分自然与非自然的那条界线，正在我们人类。……倘若万物都以自利为出发点，那么树与飞机起落架，或者塑料管与地面上的洞又有何差别呢？若我们划下那条界线，只适用于人类的某些目的，那么，那条界线对棕树蛇或世界上除了人类以外的其他生物来说，根本毫无意义。我知道棕树蛇为环境带来巨大的伤害，我也知道，对于棕树蛇的入侵，身为消费者、旅人、运输工具的使用者，我必须担负部分的责任。我无法单方面谴责棕树蛇，而不思反省自己的作为。[43]

在此我们看到，关键再一次回到人如何划分与看待人与自然、自然与非自然的界线，"原居"与"外来"若以现状来评估，或许是无所争议之事，但若将时间延长，原居与否的切截点该定在何处？更何况生态系统这个概念本身就并非指向一个恒定不动的封闭世界，相反地，如同生物学家罗伯特·奥尼尔（Robert O'Neill）所指出："万物的变换是时时刻刻不断发生的。物种播散、侵入，来了又走，演化与灭绝，任何生物都可能会在某个地方成为入侵者……一个生态系统之所以恒久稳定，不是因为它的物种不曾改变，而是因为它不断改变。"[44]只是人类活动的轨迹让原本不会发生的大范围移动对其他生物而言成为可能，对棕树蛇这样的"入侵者"而言，它或许纯粹基于偶然爬上了一架飞机，对它来说，移动与生存都是某种出于本能的必然，但在错误的地点，活下去的能力遂成为一种罪。

由于可被人知的入侵物种[45]，必然是成功案例，而且往往是它们对当地生物造成的破坏与冲击已达致可被观察的程度，如何进行损害控制，就成为一场漫长而痛苦的攻防战。以台湾为例，近几年较为人熟知的强势外来种，至少包括福寿螺、小花蔓泽兰、沙氏变色蜥、亚洲锦蛙、巴西龟、白尾八哥与埃及圣鹮等。[46]它们不只因栖地重叠造成排挤效应，甚至可能直接捕食较弱小的原生物种，例如亚洲锦蛙捕食原生种小雨蛙[47]，亦有白尾八哥掠食麻雀幼雏的观察纪录[48]。基于保护原生种、避免强势物种过度扩散造成生态单一化等考量，试着在一切发展到无法控制的局面之前，想办法移除、减少或最低限度尽量控制这些物种的繁殖数量，便属当务之急。[49]

但是，在面对这些入侵物种造成的灾难时，它们也是"生命"的事实是否需要纳入考虑？这就成为一个尴尬的问题。尤其这些强势物种的诞生，实为人类的"神之手"介入的结果，"作为自然界拓展范围最广阔的入侵者，人类文明本身竟已转化为天择的力量"[50]，它们因为我们的喜好、疏忽或试图解决其他生物造成的问题而被引入，最后却必须承受人类的种种失误，这是公平的吗？另一方面，"外来种"可以作为不用考虑对待动物的伦理的唯一理由吗？当移除动物可以得到奖金[51]，猎杀背后连结的奖励机制会否让道德感受相对变得麻木？这些都是值得思考的问题。

在面对强势外来物种时，处理方式一般是猎杀和移除后代双管齐下，而且移除的正当性多半能被民众接受[52]，但近年来，动物伦理的考量，已逐渐被纳入解决外来种问题时的讨论范围。以澳洲的海蟾蜍（cane toad，又称为甘蔗蟾蜍）为例，这种原产于中南美洲的生物，多年前由澳洲政府引入，目的是控制昆士兰州影响甘蔗生长的有害甲虫，然而这是个彻底失败的行动，海蟾蜍不但不吃甘蔗甲虫，而且具有毒性的特质让它们成为澳洲新的天择驱力之一——因为只有嘴巴较小、无法吞下蟾蜍的原生毒蛇才有可能幸存。[53]不意外的，海蟾蜍的全面失控让它们承受遭到扑杀的命运，它们的顽强生命力则让这个任务变得更加艰巨，该如何"人道扑杀"海蟾蜍，已成为部分科学家致力研究的方向。目前的研究指出，以冷冻的方式取代棍棒扑杀，可能会是较好的选择。尽管这个方法是否为"最人道"的选择仍无定论，加上若冷冻时间不足，可能会发生更不愉快的意外[54]，但这样的研究方向，至少提醒了人们：生命伦理的考量，不该有任何先入为主的排除对象。毕竟，"所谓的自然，是由人类的记忆去定义的。而人类的记忆比之生态系统的记忆，不过是沧海之一粟"[55]。

理解自己眼中所见永远不是全景

段义孚在《逃避主义》一书谈人的分离与冷漠时，曾举了一个民族志文献的例子，一个纳瓦霍族（Navajo）的父亲在对孩子解释细绳游戏时说："我们必须把生活与星星以及太阳联系起来，和动物以及所有的自然联系起来，否则我们就会变得疯狂或是不舒服。"[56]段义孚据此说明，人需要秩序与稳定感，因此思考会破坏已经建立的价值观，削弱人与人之间的凝聚力。他说："人们在表达自己的见解时，知道得越多，感觉越敏感，听众就越少，个体就会越发感到孤独。"[57] 面对复杂的环境与动物议题时，许多行动者往往也会感叹"知道得越多，听众就越少"，因为他们所揭露出的现实，很可能直接冲击到一般人所习惯的生活，于是各种基于不想改变或是受到威胁的心态，就会让人们宁愿选择远离思考，不想让其中的复杂破坏原本建立的秩序感。

但是，秩序与稳定感无法因为选择视而不见就得到维持，在此，我想借用段义孚以风景画对人类彼此分离状态进行的隐喻，说明人与环境议题的关系，他说：

> 一幅美好的风景画最关注的是和谐的整体布局。风景画要显示出不同物体在大小比例上要相互协调，但是对于那些生活在那里却专注于直接需求的人来说，他只会留意整体中的一小部分。风景画显示出距离上的优势，只有处于一定的距离才能观察到整体结构，才能在个体与现实之间，建立起一种冷静而富有情感的特定关系。但是，从远处看，生命与环境之间的和谐本身与观赏者所看到的和谐并不是一回事。[58]

对于置身风景之中、专注于直接需求的人来说，要求他退到全景的位置，或许不是每个人都能接受。但有的时候，我们只是因为距离太近而忽略了全景的视野，举例来说，或许很少人会认为自己"全力支持砍伐山坡地"，却不知道手上的一颗水梨或火龙果，可能已经关联到砍伐山坡地的行为。选择什么样的观看距离本身并无对错，重要的是我们必须理解自己眼中所见永远不是全景，如此一来，面对这个不断变动的世界，才能保有不断调整有形与无形边界的弹性——毕竟，活在一个猩猩会玩 iPad、猕猴也会自拍[59]的年代，我们难道不该重新思考人与动物的界线吗？

相关影片

○《迷雾森林十八年》，迈克尔·艾普特导演，西格妮·韦弗、布莱恩·布朗、朱丽·哈里斯主演，1988。

○《可可西里》，陆川导演，多布杰、张磊主演，2004。

○《灰熊人》，沃纳·赫尔佐格导演，2005。

○《狐狸与我》，吕克·雅盖导演，贝蒂·若耶-布萝、伊莎贝尔·卡雷、汤玛斯·拉利柏特主演，2007。

○《大象与男孩》，佛雷德·拉佩吉导演，赛门·伍德兹、基思·谦主演，2008。

○《海豚湾》，路易·西霍尤斯导演，2009。

关于这个议题，你可以阅读下列书籍

○阿奇科·布希（Akiko Busch）著，王惟芬译：《意外的守护者：公民科学的反思》。台北：左岸文化，2018。

○艾伦·柏狄克（Alan Burdick）著，林伶俐译：《回不去的伊甸园：直击生物多样性的危机》。台北：商周出版，2008。

○安德烈娅·武尔夫（Andrea Wulf）著，边和译：《创造自然：亚历山大·冯·洪堡的科学发现之旅》。杭州：浙江人民出版社，2018。

○安东尼·多尔（Anthony Doerr）著，张锣等译：《拾贝人》。北京：中信出版社，2018。

○芭芭拉·金索沃（Barbara Kingsolver）著，张竑译：《毒木圣经》。海口：

南海出版公司，2017。

○本·方登（Ben Fountain）著，徐佳雨译：《与绝迹之鸟的短暂邂逅》。海口：南海出版公司，2017。

○黛安娜·阿克曼（Diane Ackerman）著，伍秋玉等译：《人类时代：被我们改变的世界》。北京：生活·读书·新知三联书店，2017。

○爱德华·威尔森（Edward O. Wilson）著，魏薇译：《半个地球：人类家园的生存之战》。杭州：浙江人民出版社，2017。

○E. T. 西顿（E. T. Seton）著，夏欣茁译：《西顿动物记》。上海：上海译文出版社，2018。

○海伦·麦克唐纳（Helen Macdonald）著，刘健译：《海伦的苍鹰》。北京：人民邮电出版社，2017。

○珍·古德（Jane Goodall）著，王凌霄译：《我的影子在冈贝》。台北：格林文化，1997。

○乔伊·亚当逊（Joy Adamson）著，季光容译：《狮子与我》。台北：东方出版，1992。

○康拉德·洛伦茨（Konrad Lorenz）著，刘志良译：《所罗门王的指环》。北京：中信出版社，2012。

○熊谷达也（Kumagai Tatsuya）著，萧照芳译：《相克之森》。台北：野人文化，2010。

○熊谷达也（Kumagai Tatsuya）著，邱振瑞译：《邂逅之森》。长春：吉林出版集团有限责任公司，2011。

○京·麦克利尔（Kyo Maclear）著，张家绮译：《鸟、艺术、人生：观察自然与反思人生的一年》。台北：八旗文化，2017。

○丽莎安·盖西文（Lisa-ann Gershwin）著，吴佳其译：《当水母占据海洋：

失控的海洋与人类的危机》。台北：八旗文化，2017。

〇蒙特·瑞尔（Monte Reel）著，王惟芬译：《测量野性的人：从丛林出发，用一生见证文明与野蛮》。台北：脸谱出版，2015。

〇摩顿·史托克奈斯（Morten A. Strøksnes）著，郭腾坚译：《四百岁的睡鲨与深蓝色的节奏：在四季的海洋上，从小艇捕捉鲨鱼的大冒险》。台北：网络与书出版，2017。

〇彼得·杜赫提（Peter Doherty）著，潘震泽译：《鸟的命运就是人的命运：如何从鸟类预知人类健康与自然生态受到的威胁》。台北：卫城出版，2014。

〇彼得·渥雷本（Peter Wohlleben）著，湘雪译：《动物的精神生活》。南京：译林出版社，2017。

〇彼得·渥雷本（Peter Wohlleben）著，周海燕、吴志鹏译：《森林的奇妙旅行》。北京：北京联合出版公司，2018。

〇理查·道金斯（Richard Dawkins）著，王道还译：《盲眼钟表匠》。北京：中信出版社，2014。

〇薇琪·柯罗珂（Vicki Croke）著，高紫文译：《大象先生：勇闯缅甸丛林》。台北：左岸文化，2015。

〇吴明益：《蝶道》（修订版）。台北：二鱼文化，2010。

〇吴煦斌：《吴煦斌小说集》。台北：三民书局，1987。

〇邱常婷：《怪物之乡》。台北：联合文学，2016。

〇黄美秀：《寻熊记：我与台湾黑熊的故事》。台北：远流出版，2012。

〇廖鸿基：《讨海人》（新版）。台中：晨星出版，2013。

〇刘曼仪：《Kulumah．内本鹿：寻根踏水回家路》。台北：远足文化，2017。

〇刘克襄：《早安，自然选修课》。台北：玉山社，2018。

○上田莉棋(Riki):《别让世界只剩下动物园:我在非洲野生动物保育现场》。台北：启动文化，2018。

3 同伴动物 篇一

当人遇见狗

从动物到宠物：人与狗的互动史[1]

提到以狗为主题的故事，或许每个人都可以从童年记忆中提取一些印象深刻的形象，它们当中有些是知名的真实案例，例如日本涩谷车站前的重要地标"忠犬八公铜像"，背后就是一段人狗之间深厚情谊的动人故事；有些例如"灵犬莱西""龙龙与忠狗"，让狗作为"人类忠实朋友"的形象深入人心，就连卡通《小英的故事》里，都有只逗趣而不离不弃的小黄狗陪在孤女小英身边。换言之，狗的忠实与牺牲奉献形象，似乎就是人狗关系当中最核心的标志，于是不意外地，"忠犬护主"也就成为狗故事典型的叙事框架。近年来，由于同伴动物议题逐渐受到重视与讨论，狗的无私助人形象，遂成为部分人士用以鼓励民众关心流浪动物议题的方式之一。举例而言，2016年台南震灾时搜救犬受伤的新闻，就出现了"毛孩真辛苦，自私的人类，只有重要的时刻才会想起它们"[2]的感叹。但另一方面，传统忠犬护主叙事模式的案例，近年来在野生动物保育的观念下，也逐渐被质疑与反省，类似家犬护主与毒蛇搏斗的这类故事，只会强化人们对于野生动物的偏见，并且稀释了野生动物被（尤其野放饲养的）同伴动物伤害的危机。

　　但更重要的是，为何动物一定要"奉献"或"伟大"才值得珍惜呢？《有故事的人，坦白讲。》一书中，曾收录了一篇与"忠犬护主"看似相反，但也因此格外值得留意的故事：高雄甲仙小林村八八风灾的受灾户李锦容先生，在访谈中提到他在水灾时带着两只狗逃命，但三天后直升机来救人时不救狗，他心急之下只好复制忠犬故事模式，谎称其他村民也是因为他的狗带路才逃出来的，狗儿因此被当成英雄，还受邀参加许多灾后活动。李先生很不好意思地说："我的狗并不是英雄。小的那只叫小黑，水灾时还是未足岁的小狗，只会吓得发抖，大的叫多多，每天吃得傻傻的只会找人玩，怎么可能带路。"但是对从小和狗一起长大的他来说，狗就是家人，山崩下来的那一刻，他什么也没想，转身拉了两只狗就往外冲。父母在这场灾难中离开的李先生最后说："我不太懂得怎么形容活下来的心情……以前阿爸早起会绕过来带多多和小黑散步，现在这二只狗是我和阿爸唯一的连系了。请原谅我骗了大家，我的狗不是英雄，但还好有带它们出来，不然我就一无所有了。"[3]

　　对于李锦容而言，狗就是他的家人，但是在生死危急的时刻，他却必须通过忠犬救人的故事，才能让他的狗家人得到救援。在重大灾难时，动物的生命被当成应该优先放弃的对象，这样的观念过去很少遭到挑战。但是随着几次大型灾难时部分民众选择与自己的动物家人同进退的案例越来越多，众多的"李先生"开始让旧有的观念慢慢松动，2005年发生于美国的卡崔娜飓风即为一例。当时许多民众丧生的原因是为了宠物而拒绝疏散，其中一个令人心痛的案例是一位叫作菲·珀格（Fay Bourg）的女士，坚持要和自己的爱犬"杭特"一起撤离，否则不愿意上船，搜救人员答应她之后，却把杭特丢出船外，亲眼看着爱犬消失在远方的珀格，始终无法从罪恶感中恢复，最后于2008年选择吞下过量安眠药身亡。这个重大的天灾，造成至少1800人、150000只宠物死亡。无数和珀格一样无法抛下宠物的饲主，他们的身影和故事，让美国通过了"宠物疏散及运输标准"法案，以免"宠物饲主被迫于自身安全或是宠物安全之中做出选择"[4]，更重要的是，卡崔娜让人们知道"人跟动物之间的牵系是断不了的"[5]。

问题在于，并不是每个人都能感受到这样的牵系，狗作为同伴动物之中和我们最亲密的一种，却也可能是与我们冲突最大的。当饲养狗的人越来越多，流浪狗的问题也相伴而生，对于狗在城市空间中该得到什么样的定位，遂更难取得一定程度的共识——在狗身上投注认同与情感的人固然不少，但相对地，觉得狗会造成人与其他动物安全上的威胁，应该比照"外来种"的移除逻辑，或是将狗视为城市污染与疾病带原者的声音，同样时有所闻。台湾当局主管部门三读通过禁吃猫狗肉的条款后，反对的声浪直指"动保法"独厚猫狗[6]，凡此皆可看出猫狗或许是人们关心与爱动物的起点，但相对而言，反弹的力道也可能特别强烈。

但是，狗看似被放在一个比其他动物优越的位置，得到特别多的关注，甚至立法保护禁止吃食，这样的状况究竟是少数爱护动物人士太过拟人化动物，投射过多情感在狗身上，并且缺乏整体生态观的结果，抑或反映了狗这种生物在漫长的演化过程中，确实在人类历史文化上具有某种与其他动物不同的特殊意义？而当饲主的素养并未伴随饲养宠物现象的普及同步提高，那些被遗弃的动物又该何去何从？该如何解释人狗之间特殊的依附关系，重新定位与定义狗的存在，每个人的答案不尽相同，但是无论喜欢狗或讨厌狗，狗在当代城市的地位，确实如同约翰·霍曼斯（John Homans）在《斯特拉不只是一只狗》（*What's a Dog For*）[1] 一书中所言："狗本身的定义现在正历经被重新想象的阶段。"[7] 本章将由此书的若干概念出发，透过当前的人狗关系，重审人与狗的互动史；再透过骆以军的作品《路的尽头》论析台湾的流浪动物议题；最后则以禁吃狗肉的争议，带入城市文明与饮食文化之间的辩证思考。

人如何"创造"狗

　　无论城市风景中人们牵着狗漫步的画面，或在西洋画作里狗与家庭成员一起出现，都说明了同伴动物逐渐成为家庭的一分子。[8] 但相对地，狗与人的关系越亲密，人对狗所产生的影响与改变就越大。霍曼斯在《斯特拉不只是一只狗》这本精彩的著作中，对于狗如何演化为如今我们所熟悉的样貌，进行了相当清楚的爬梳。他提醒我们："看来似乎永恒不变的狗世界实际上是人类不断干预的结果。"[9] 人重新定义了狗，更重新创造了狗——尽管这对许多狗来说，也是灾难的开始。

　　人如何创造狗？骑士查理王猎犬（Cavalier King Charles Spaniel）

1　台湾地区译名为约翰·荷曼斯：《狗：狗与人之间的社会学》。

或许最足以说明人的介入如何对动物造成永久性的伤害。为了让这种狗更接近16世纪肖像画里的形象，它们在20世纪50年代被"重新设计"，但"改变头骨形状的目标实现得如此迅速，大脑的进化还来不及跟上"[10]，导致它们可能罹患一种名为脊髓空洞症的疾病——因大脑被迫塞在过小的头骨中而产生剧烈疼痛。书中用了一个非常贴切的形容：这就像把"十号尺寸的大脑硬塞进六号尺寸的鞋"[11]。但骑士查理王猎犬只是众多被当成黏土般随意揉捏成我们喜欢形象的案例之一，所有的纯种犬基本上都是人们基于主观好恶形塑出的"产品"，例如德国狼犬（German Shepherd Dog）被改为后驱角度的体型，造成后腿关节的问题；巴哥（Pug）的鼻子会有慢性呼吸道问题等。[12]而对于各种畸形体态的执着，不只使得纯种狗的基因失序，也造成它们终生不可逆转的众多遗传疾病。[13]

对于纯种犬的迷恋，让狗宛如流行文化的一种，某些种类的狗会突然大受欢迎，然后快速被"淘汰"。对特定品种犬的刻板印象，往往也肇因于此种一窝蜂流行的效应，举例而言，罗威纳犬（Rottweiler）具有高度攻击性的恶名，其实是从20世纪80年代后期开始，它们快速跃升为美国受欢迎的犬种之一的后果。在1979年，只有三千只幼犬被登记，短短的十年间，登记数就达到每年十万只左右，当许多人只是一时冲动购买可爱幼犬时，数量的增加意味着攻击事件的数量也相对提高。[14]近年来，取代罗威纳成为怪兽般坐上恶魔宝座的犬种是比特斗牛犬（American Pit Bull Terrier）[15]。它们因新兴的斗狗风潮被培育出来，有着无所畏惧、会紧咬对手不放的特质，具有非常可观的攻击力。比特斗牛犬因此被视为"危险性动物"——即便它们从来没有任何攻击行为。[16]结果就是美国每年因被遗弃、无人领养而遭安乐死的比特斗牛犬，达到约九十万只。[17] 人创造狗、选择狗、消费狗，随之遗弃狗。人狗关系的各种变化，意味着我们也必须重新定义与想象狗。

"狗格"地位的改变

毫无疑问地，"狗格"地位的改变和近年来城市发展的变化有着密切关系，动物权与动物福利的概念常被视为城市中产阶级的多愁善感，在许多传统农业社会的生活模式中，对动物的同理心，可能是负担不起的"奢侈品"[18]。霍曼斯就以谢莫斯·悉尼（Seamus Heaney）的诗作《及早清除》（"The Early Purges"）为例，说明农村文化看待狗的态度是与都市截然不同的：

> 现在，看到凄厉尖叫的小狗被压进水里淹死
>
> 我只是耸耸肩，"该死的小狗。"这么做是有道理的：
>
> 小镇的人疾呼"禁止残忍行为"
>
> 他们认为杀死它们有违人性
>
> 但经营良好的农场得控管害虫的数量。[19]

但城市生活中人狗关系的改变，与其说是源于伦理观念的跃升，不如说是城市空间紧迫所带来的另一种反映。如霍曼斯所言：

> 狗愈来愈强化的人格地位肯定和城市世界的狭隘空间脱不了关系。只要狗还待在院子里生活，就比较容易给他任何旧有的东西，以任何旧有的方式对待他。狗可以去搜寻、发现动物尸体或去埋一根骨头，或是追逐一只松鼠，做狗会做

的事。待在公寓里的史黛拉会拼命用爪子扒挖地毯，却扒不出任何东西。[20]

当我们以地毯取代草地把狗带进屋子里，它们与人的亲密关系也就发生了巨大的变化：从"动物"摇身一变成为"宠物"。

当然，对于何谓宠物、人类为何需要养宠物这些问题，并无一致的看法，甚至就算同样被视为"宠物"，不同文化脉络中关于如何对待宠物才算合乎伦理与法律，更是天差地别。但从学者们试着为宠物所下的定义中，或许仍可勾勒出我们区隔宠物与其他动物的几个标准。历史学者基思·托马斯（Keith Thomas）认为，宠物就是"被允许出现在房屋内的动物，它有名字，人们也不会吃它"[21]。人类动物互动学者詹姆斯·瑟普尔（James Serpell）则将宠物定义为"与人同住，但没有任何明显功能的动物"[22]。换言之，同住但具有特定功用，仍不能算是宠物。早期人们豢养狗，多半是为了让它们帮忙做牧羊、打猎等工作，18 世纪时甚至还出现过一种"转叉狗"，让狗在厨房一个轮状圆盘中不断地跑，以便让肉叉转动来烤肉。[23]但随着时代演变，不具功能性的宠物狗越来越常在一般家庭中出现。

当然，我们可以轻易找出许多例外来否定前述的定义方式，但拥有自己的名字以及排除工具性的目的，的确是人们把宠物与食用动物或辅助性的工作动物区隔开的关键。近年来，宠物逐渐被视为家庭成员，吊诡的是，它们被"物化"与"人格化"的程度却非此消彼长的关系，而是呈同时并进的状态。一方面，动物权与动物福利的倡议者，让"同伴动物"（companion animals）逐渐取代"宠物"这样的称呼，目的就是消解"宠物"一词可能隐含的物化与位阶关系。法学家加里·冯希翁（Gary

Francione）就主张，我们对待动物的各种方式之所以不正确，是因为我们把动物当成财产，"如果我们认真对待动物，就会意识到不要将动物视为物品是我们的职责"[24]。不过，顺着这个论述往下走，冯希翁认为"应该让所有活着的驯养动物绝育，这样我们才能确定它们会完全消失，一只也不剩"[25]。换言之，为了解放动物，必须除去动物，这在论述逻辑上合理的结论，在道德上却恐怕不是多数支持动物福利的人士会赞成的观点。

另一方面，宠物用品工业随着宠物受重视的程度而益发蓬勃，顶级宠物用品的开发，表面上看似呼应了前述宠物的人格化发展，这些宠物被塑造成"消费者"的形象，从还在多数人想象范围之内的高级宠物食品、玩具、服装，到包含全身舒压按摩、花园派对、五星级休闲会馆等形形色色的奢华风，都是新世代宠物可能享有的待遇。[26]这些不无炫富意味的消费模式看似是为"狗权高涨""人不如狗"等观念背书，但若深入细究，就会发现其中很多商品只是让宠物成为更任人摆布的玩具。以"宠物美容"为例，许多饲主只是想将狗打扮成他们喜爱的造型，甚至将狗染得五颜六色，表面上的受宠反而是动物更加被物化的象征。对于此种现象，史蒂夫·扎维斯托夫斯基（Steve Zawistowski）的说法可谓言简意赅："如果你花了二十元美金买雨衣给狗狗，那是为了狗好，但如果你花了两百元美金买狗雨衣，那就是为了自己。"[27]将狗打扮成狗娃娃，只是满足人们扮家家酒的欲望罢了。

综观狗在人类社会中角色与地位的变化，或许就能理解霍曼斯为何会赞同"狗的自然环境是人类社会"这个听起来似乎毫不激进的"出奇激进的概念"[28]。数千年来，狗以迥异于其他动物的方式参与了人类社会，它们可以轻易学会人类世界的基本规则，更重要的是，其他的动物无论如何被驯养，都很难像狗一样产生对人类的依附关系。[29] 有些科学家认为，人对狗的选择性培育，也包含了"理解"人类的沟通这个选项。[30] 因此，狗在遇到困难时，会选择看着饲主期待他们帮忙解决问题[31]；另一个有趣的实验，则发现狗能理解狼与黑猩猩都无法理解的"意图信号"，如果把食物藏在三个碗当中的一个，用手指进行暗示，只有狗会了解人类手指的方向有食物。这并非意味着黑猩猩"不懂"手指向某处可以拿到某些东西，而是它不能了解你为何要指给它看。[32]

但是，就算我们证明了狗与人的关系真的与其他动物不同，是否就意味着它们的权利得以伸张到拥有"狗格"的程度？（以此类推，有些饲主可能会主张常与狗相提并论的猫也应该有"猫格"。）由上述的讨论，可以发现这个在动物权利观念推广过程中论辩的焦点，无论就哲学层面或实务层面，都难以有定论。让猫狗拥有人格化地位，可说是动物权利运动的愿景，但这必然比把猫狗视为财产要来得"进步"与美好吗？动物法学专家大卫·法夫雷（David Favre）就提出相反的看法，他指出，若我们将猫狗从财产位置上解放，也就同时失去合法照顾它们的权利。有趣的是，他提出一个更具挑战性的思维："财产为什么就不可以有权利呢？"因此他建议以"活的财产"（living property）这样的概念来理解猫狗位于财产和人格地位之间的位置。[33]"活的财产"是否能在猫狗的道德与权利位阶上带来新的可能性仍待观察，却提醒了我们在豢养关系中将动物作为活的生命体，而非视为一般财产进行道德考量的重要性。

透过豢养，我们改变了动物的世界，以狗的例子来说，它们的自然确实就是人的社会，但另一方面，狗的世界同样是人们失落的自然。无论我们是否承认或喜爱这个概念，它们都在漫长的历史中渗入了人的生活。但是，当饲主的观念并未随着宠物的普及而相对提升，不当饲养与弃养的状况，将使得许多"宠物"沦落为"流浪动物"，当漫步的狗身后少了那条人类控制的牵绳，它们仿佛也就从城市风景的一部分变成具有威胁性的城市毒瘤。该如何处理城市中的流浪动物，遂成为人们争论不休的问题。

从宠物到流浪动物：在城市的暗处

如前所述，猫狗在台湾常被视为拥有特殊待遇的一群，不只现行的法律常被质疑是否独厚猫狗，甚至到了要立法限制吃食的程度；许多人对待动物的态度亦仿佛印证了所谓爱动物多半仅局限于自家宠物，部分饲主任由宠物在野外活动的行为，更让关怀野生动物处境者质疑犬猫造成生态环境失衡。但对于在意流浪动物议题的人来说，台湾流浪动物的处境，或许会让他们有完全不同的感受。若综观近二十年来台湾动物保护运动的脉络，就可发现犬猫或许得到了最多的注意与重视，但它们的处境以及社会意识的改变，其实并不如想象中那么多。

为什么独独是猫狗受到这么多爱护动物人士的注意？说来讽刺，台湾真正开始有更多关心生命的人投入动保运动，是因为当年一度传出台湾"有可能"成为狂犬病疫区的消息后所卷起的效应——立刻出现了许多泼硫酸与泼汽油的案例[34]；另一方面，在那个没有"动保法"的年代[35]，当时收容所的狗是如何被处决的呢？ 1997 年由关怀生命协会出版的《犬殇》，曾针对当时 65 个公立收容所进行了调查记录，一笼一笼浸到水里淹死的、活活电死或饿死的，或因过度拥挤被其他狗咬死甚至吃食的……各种残酷的事件，在当年的收容所都不算是什么新闻。这些狗一旦被捕捉，多半不会得到食物，曾有狗从进了收容所之后，就因过度拥挤一只脚挂在同伴身上始终放不下来；幼犬则是因为笼子间隙太大而活活卡在栏杆中……那是"爱心妈妈"诞生的年代[36]，也是"为何关心猫狗"的源头。

狂犬病的恐慌于2013年再起，在三只鼬獾被确诊之后，全台随即陷入巨大的疫病恐慌，野生动物被乱棒打死，无数的狗被随意弃养或毒死，甚至有县市发起了"抓狗换白米"的活动。[37]人们的反应似乎显示了十几年来，社会大众对于动物的知识仍然严重不足，生命教育的概念更是相对缺乏。[38]同年11月，由九把刀监制、Raye导演，在员林收容所实地拍摄的纪录片《十二夜》上映之后，引发社会高度关注，大众惊觉原来过去所想象的"收容所"并非动物的安身之处，而是停留十二夜就要面临处决命运的"屠宰场"。"零安乐"的呼声随之而起，成为流浪动物政策的理想愿景。台湾当局主管部门迅速通过"动保法"部分条文修正案，自2017年2月起，全面实施收容所"零扑杀"[39]。

尽管台湾已进入零扑杀的年代，但流浪狗的问题与争议并未随之结束，零安乐观念在民间的发酵，反而揭露出若整体配套措施并未完善的情况下就执行政策，可能造成的副作用。认定收容所不会执行安乐死之后，通报收容的数字反而更为上升（部分民众误以为通报等于救援，讨厌动物的人则认为既然已经零安乐，动物更不应该出现在街道上干扰人），但在整体收容环境、宠物繁殖业的规范与犬籍管理、民众饲养动物的观念皆未同步改善的情况下，追求理想中量化数字的结果，往往造成更多伤亡，2016年4月间嘉义收容所发生将大量狗只送往私人狗场，结果热死三十多只狗的案例，就是此种恶性循环下的结果。[40]同年5月，新屋收容所园长简医生服用狗只安乐死药物自杀的悲剧，更暴露出台湾在流浪动物议题上的失衡和结构的崩坏，对第一线人员造成的沉重压力，以及误以为零安乐之后流浪动物问题就不存在的迷思。[41]

城市动物生殇相

在过去，流浪动物一直以城市的废弃物的形象存在，对于此种状况，有些人毫不在意，有些人关心却深感无能为力，生命便在社会集体的遗忘中快速地消逝。但长期以来，也不乏关心此议题的艺术家和文学家，试图以影像和文字为生命留下纪录、召唤记忆，以对抗集体的遗忘和失忆。旅美艺术家张力山就曾以"意外领域之形骸孤岛"（Accident Realm: Ashen Atrocities on a Desolate Island，2011）为题，将流浪动物的骨灰置于艺术馆内，请观众捡拾骨灰置入信封，待展览结束后一并寄至相关政府单位，将观展转化成社会行动。更重要的是，这"拾骨"的举动，象征性地翻转了人与动物的关系，让这些生前被当成"垃圾"处理的流浪动物，拥有最后、或许也是唯一的温柔对待。

摄影师杜韵飞以台湾各公立收容所"安乐死"前的狗儿为素材的作品《生殇相》（Memento Mori，2011），亦带来了对于台湾流浪动物处境不同的观看角度。这些作品中的主角全都是被城市弃绝的生命，它们没有名字，只有在收容所中的笼位编号，但杜韵飞透过他的镜头，让生前不容于这个城市的它们，透过死亡开出了一个让人类反思自身行径的空间。[42]

《生殇相》特别之处，不只在于杜韵飞让这些临死前的狗儿纯粹以狗的"真实面目"出现，没有加上任何修饰（在部分照片中，甚至连它们因严重皮肤病而脱屑、泛红的皮肤都照得一清二楚），也在于他采取的摄影手法，又非常吊诡地让这些"狗"拥有了"人"的面貌。因为杜韵飞运用了19世纪以来古典人物肖像摄影的技术：

> 运用摄影棚的灯光与环境凸显每个生命的独特性。用意是希望流浪动物不再只是空洞的议题，不再只是冰冷的统计数字。抽离所有相关的场景，舍弃牢笼与收容所空间和物件，去除任何可能对于流浪动物安乐死的负面观感以及收容所的成见，让影像中的流浪动物有一张可被辨识的面容、可被侦测的情感个体，人们得以不受干扰地凝视着流浪动物的肉体与精神状态，进行一场对等的生命对话。[43]

另一方面，为了影像作品能够拥有更大的诠释空间，杜韵飞却又不断将镜头拉远，从过去想要在流浪狗的脸上捕捉人的神情来触发同理心，转为后来"稍微拉远取景的距离，在动物的姿态与神情上选出更为委婉，更带距离感的影像，使观者在情感上也带些距离"[44]。

而当这些狗儿在杜韵飞的影像中作为被放大的、独一无二的个体来看待时，它们看似空茫的眼神与面容，或许还有另一层意义，那就是，当这些狗被摄影师以"肖像画"的规格对待时，它们的脸容对于观者来说亦将截然不同于静物画中的花瓶或水果，而会拥有某种类似罗兰·巴特（Roland Barthes）在讨论人像摄影时所描述的"气质"[45]。

当杜韵飞把狗的面容放大、拉远，抽离所有背景，作为独一无二的肖像，观者亦将无从回避这些过去被视为"物"的生命，它们不同的姿态与神情，遂脱离了客观"真实"，而拥有各自不同的"气质"。于是，它们那空洞、"无所思"的目光，也就可能如人物肖像一般，"让观看相片的人仿若处在相中人视而不见的未来时间点上。观看者对这虚幻的、时间错隔的相互主体性，会感受到极度不安的反身意识，因这种相互主体性是纯想象的，似存而错失的"[46]。观者意识到自己并不存在于对方的注视中，因此自己非但不是被看的客体，甚至可能在相中人的目光中化为乌有。[47]而当这些流浪狗临终的肖像让观者产生不安的反身意识时，人与动物之间过去那种绝对的位阶关系，也就隐然产生了松动的可能。

当然，我们亦不能忘记苏珊·桑塔格（Susan Sontag）的提醒："照片的伦理内容是脆弱的。可能除了已获得伦理参照点之地位的恐怖现象例如纳粹集中营的照片外，大多数照片不能维持情感强度。"[48]即使摄影者赋予影像道德的要求，它仍然有可能使人麻木，因此，即使我们期待"摄影与影像的'凝视'有可能成为改变世界的力量"[49]，影像都应该作为触发关怀的起点而非终点。只有当更多人愿意去凝视那个影像所凝视的真实世界，众多无声消逝的生命才有可能真正被看见。而骆以军的作品《路的尽头》，所诉说的正是一个以影像为关怀起点的故事。

从"十二夜"到"零安乐"之路

骆以军的散文《路的尽头》及短篇小说《宙斯》[50]，以自己领养和送养流浪狗的经验为素材，可说是当前台湾文学中少数深刻触及台湾社会流浪动物"生之艰难"处境的作品。《路的尽头》写的是他如何偶然在圣诞节的夜晚，在"脸书"（facebook）的平台上，闯入一个名叫"丸子"的女孩的网页，上面贴着许多有着澄澈双眼的小狗的照片，其中一张下面写着："生命终止最后日期：十二月二十六日。过了美好的圣诞节，它们还能不能活下去。"[51]按下脸书的分享键，他焦躁不安的心情却无法平静，于是，他拨打了志工"丸子"的电话，"在夜的醺晃和忘记自己已是一中年人的状态"下，决定认养照片中的小黑犬和小黑嘴黄犬。

故事本来应该到此结束，但当他亲临那个宛如集中营般、由人类打造出来、专门用以遗弃及处决流浪猫狗的现场，他发现自己没有办法面对这样的处境：在同胞的兄弟姐妹中，你选择了两只，而把另外两只同样无辜纯洁的小黄狗的眼神映在自己眼眸中，然后转身离去。那会不会是另外一种形式的遗弃？于是，他终究带出了那同胞兄妹一共四只，尽管他也深刻明白："一整间狗舍的各铁栅笼里，我不敢看但还是瞥过的狗们，除了极幸运的极少数，全都会被屠杀。……我只是想伸手拦阻其中一只或一窝小狗的处死（而不敢看其他笼），要付出极大的代价。'收养'和'遗弃'、'修复'和'伤害'这之间完全不成比例的资源成本。"[52]

对骆以军来说，在路的尽头带回四只幸免于难的小狗，让他很快亲身体会到"伸手拦阻"这个动作之后所要面临的困境与代价，那竟成为另一段（弃的）旅程的开始。狭小的都市公寓容纳不下四只狗，故事遂有了后续。《宙斯》一文从小说主角"他"带着黑狗"宙斯"搭乘高铁到台湾南部的一栋透天厝——宙斯未来的新家——展开，但读者很快就会发现，整篇小说要诉说的，并非宙斯的新生活，而是"遗弃"的各种旋律，这或许是《宙斯》一文最奇特也最值得注意之处。换言之，偶然介入了四只小狗的生命，并因此改变它们一生的这个救援行动，对骆以军来说，非但没有因此抚平看到狗儿照片时的焦躁情绪，反倒像是开启了潘多拉的盒子，把过去生命中那些不堪回首的、压抑在底层的、怀抱着某些罪恶感的记忆，疮疤般揭了开来：那一只又一只，过往曾被他命名、喂养的，例如老家的"小玉"、山上租屋处的"小花"，当他结婚生子或是搬离居屋处之后，某种相互信任与守候之盟约也随之被打破。那对它们而言，不正意味着遗弃？收养和遗弃、修复和伤害，在这城市日复一日地以完全不成比例的巨大差异无止境地循环。但是，我们是否都曾直接间接地共同参与了这样的机制？骆以军回首来时路，以某种可佩的诚实面对了自己过去生命中亲手制造的遗弃。

除此之外，骆以军更由此开展出有关"遗弃"的各类变形叙事：像是他的朋友 F，在爬雪霸山时遇见一只以莫名而过人的意志沿途跟着他们爬上陡壁又不可思议地再攀下山崖的小黄狗，在说完那沿途的寒冷与艰难之后，故事仍以一种理所当然的方式画下句点："当然是搭车回城市啦，他们离开了山，当然把那小黄狗留在原初遇到它的地方。它是山里的狗，你难道认为他们其中一个会把那小黄狗抱上车，带回城市住在那狭小的高楼公寓里？"[53] 又或者是，一只理论上并不会出现在寻常城市街边的巨大白鹦鹉，在这并不属于它的故乡中飞翔，脏污的羽毛与海螺般的悲鸣，对骆以军来说，那完全不是所谓的"自由"，而是关于遗弃的印记。[54]

这一则则由四只小狗所开启的遗弃叙事，揭露了城市如何借由将不受欢迎的边缘他者加以切割，企图营造出"纯洁合宜"的生活居所背后，所掩藏的噩梦般真实场景。骆以军在路的尽头，碰触了城市不愿面对的"污秽"暗处，也引发他对于此一议题的深入思考：

> 其实，某些被遮蔽的记忆暗影，我们或其实亦扮演过不同切面的遗弃者。但当整个如峡谷的城市繁华错织的层层累聚的人类各种行为，其中某一种行为被单一从那杂驳中抽离出来（譬如公娼，譬如发臭睡在捷运路口旁纸箱的流浪汉，譬如吸烟者、穷人、麻风病患，譬如和人类想象的街道巷弄不同动线的流浪猫狗），我们把他们像用立可白从那现代性玻璃镜城的

图画上抹掉。……这一套专业流程、配管、集中后形成的"纯洁场景"……巨大、超现实到你完全无法理解这是人类理性逻辑形成的科幻地狱。[55]

　　或许有人会认为，公娼、游民、吸烟者、穷人、麻风病患、流浪猫狗等议题乃分属不同层次，不应混为一谈，但他们的共同点在于，都被城市归为"污染"的来源，是疾病、穷困、肮脏、污秽的带原者，是在城市所建构的权力关系中，弱势的那一群；是城市想要打造干净明亮的空间形象时，背后幽微阴暗的存在。[56] 但是，为何大多数的时候，我们可以对这么多的遗弃视而不见？是不是因为"我们的感情，早被什么强大如你抬头，城市上方所有电线杆上，铅灰漆色的大型变电箱，或是挂着电线的监视摄影机，你从来没意识到那么多的丑东西架设在我们头顶上，被更多这样的东西，在更早之前就阻隔了"[57]？ 在此，骆以军以"情感的阻隔"来理解城市中的遗弃及其背后的冷漠、无感，或那些因不想碰触"死刑正每天在发生"[58] 之真实，而选择转身回避，甚至否认这些黑暗确实存在的城市居民，这个观点是非常重要的。

　　骆以军所关怀的"情感的阻隔"，与上述种种"空间的阻隔"不无关系。更具体地说，"情感的阻隔"与"空间的阻隔"在城市中一直以互为因果的方式交互作用着：情感的阻隔制造出空间的阻隔（把不想看到的东西弃置在路的尽头）；空间的阻隔则进一步强化情感的阻隔（视而不见之后，人们可以更容易地参与城市集体的无情）。这使得每个试图以一己之力"挑战"这种阻隔的人注定会感受到巨大的无力与挫折。但无可否认的是，当我们开始意识到这样的阻隔，并尝试以不同的思维及行动模式去面对它，每一次的以卵击石，也仍然可能造成一些真实的改变。

以骆以军为例,路的尽头带来的冲击让他重新反省过往曾经的遗弃,"现在他知道被遗弃的狗们,会被捕捉集中在那像冒着煤灰的火车月台,那长廊走进去两列高低整排整排的不锈钢栅笼"[59],在它们注射毒针死去之后,则被送进焚化炉烧成灰,那就是它们的去处,是城市集体遗忘但仍然存在的真实去处。于是,他也开始默默地加入了"像传递往一个黑暗深井的微弱回音"[60]的"脸书"分享行列,偶尔写一些文情并茂的文字,试图用情感的力量打动一些读者。

而骆以军由"脸书"平台开启了他对流浪动物议题的思考,最终又回到将脸书的"分享"作为一种实践关怀的方式,其实亦反映了城市和动物之间互动关系的某种微妙变化。脸书快速而大量地转贴分享那些"倒数计时"中时日无多的待援猫狗,过去即使透过油印刊物、BBS 公布讯息、建构网站等,都无法如此快速与便利地将猫狗"推销"出去。但是源源不绝的待认养动物,最终会不会在无止境的转贴中模糊了它们原本的差异,只成为一张又一张新的转贴照片?这是一个值得思考的问题。过多的讯息反倒稀释了事件本身的力量,时间久了,我们自然学会视而不见。

脸书上这些待救援、限期安乐死的流浪动物的处境,也面临类似的困境:当照片多到让人觉得无论如何都救不完时,会不会有更多人干脆决定选择性忽略就好?毕竟每一次的转贴之后又会有新一批即将安乐死的名单出现,现况好像永远不会改变。但是,汤马斯·詹戈帝塔(Thomas de Zengotita)指出了一种例外的可能,一种不会过目即忘的可能,那就是,"除非那正好是'你的问题',是个被你'认同'、蒙你圈选的一种社会责任选项"[61]。"路的尽头"对骆以军所带来的冲击和意义,正在于它将转贴的照片，还原为一个个独一无二的生命，当你看见，就有能力从麻木中走出来，使之成为你的选项，那么它们的存在，就不会只是一张照片而已。它从此成为骆以军"社会责任的选项"之一，于是他开始加入那个往黑暗深井投递希望的行列，并且期待某人如他，总会在某一天从深井中传来微弱的回音。

以此观之，前述的影片《十二夜》，确实像是深井中的回音般凝聚了更多民众的呼声，期待透过TNVR（诱捕、结扎、疫苗、放养）与零安乐并进的方式，"让痛苦到它为止"。问题是，从十二夜到零安乐，流浪动物的状况并未从此以线性的方式渐入佳境，仍有无数流浪动物在不会主动扑杀，但拥挤而环境不佳的收容所中被人们遗忘。它们继续被任意繁殖、购买，而后抛弃。收容压力造成公立收容所更积极追求送养的"阶段性成就"，前述嘉义收容所的事件只是此种结构失衡下的冰山一角，当收容所的目标锁定在尽可能地将狗送养出去，许多不当饲养的案例亦可能在不为人注意的角落默默发生。

举例而言，当收容所为鼓励民众领养，推出各种工作犬领养方案，这类"领养送嫁妆"的活动固然可以增加领养诱因，但如果饲主只是把狗当成工具式的存在，就可能发生长时间将狗链在门上或树上，却未考虑恶劣天气或是狗的活动空间等需求的状况。"领养工作犬送白铁链"[62]的组合当然绝不等于虐待，就提高送养率而言亦可看出具体成效，但毕竟还是复制了传统豢养与利用动物的模式，较难开展出不同的思维与教育方向。至于"狗送出去之后呢"这个问题，以目前状况来说，就成为收容所很难有余力兼顾的失落环节。但这失落的一环，却可能是流浪狗问题总是在重复循环的关键。"台湾动物社会研究会"理事长朱增宏曾在访谈中指出："其他议题至少还能看见进展，但流浪狗就是走一步又退一步，走一步又退两步"，确实指出了台湾这20年来在流浪动物议题上的困境。[63]

有趣（或许很多人也不见得会同意）的是，朱增宏认为流浪动物议题的缺乏进展，恰恰是因为"大家太爱狗了"[64]。虽然朱增宏此言的重点主要是强调TNVR不该被视为流浪动物问题的唯一解来推动，但社会上看待流浪动物问题的种种矛盾与紧张关系，似乎总围绕着"爱"这个关键字一触即发。从校园犬到街头犬，许多冲突和争论的力气都花在"爱狗"人士罔顾不爱狗或爱猫、爱野生动物等其他人的权利，任由狗造成对其他动物的威胁或环境的脏乱。当争执的眼光始终放在爱或不爱这件事情上，议题就永远会处在进一步退两步的状态。

其实，狗和人的关系与其他动物的确有着距离上的不同已如前述，它们或许最能召唤人的情感也是事实，虐狗事件常引发社会强烈抨击并不令人意外，去抨击这些人的情感为何只有被狗召唤，是没有太大意义的。真正的重点在于，我们理论上根本不需要强调自己爱或不爱狗，同样地，也不需要强调自己爱或不爱其他动物，而是我们如何去思考狗在社会环境中的必然事实，找出不同区域、不同情况的狗所适用的处理方式。例如开放式的校园环境，一直反复把狗抓走未必能解决问题；但开放式的浅山环境，优先送养显然仍比结扎后放回原地更可以减少流浪狗对野生动物生存造成的压力。更重要的是，所有的对待都有其底线，饲养后的照顾、收容所内的环境，甚至就算是想要通报捕捉，都不意味着我们可以对自己所厌弃、恐惧或不在意的生命为所欲为。这是在所有动物身上都适用的基本原则。捍卫这样的底线，或许比讨论爱与不爱要实际得多。或许也唯有如此，我们才能从永无止境的"为何只关心〇〇不关心××"或"这是道德不一致"的争执循环中抽身，体会到无论我们自己关不关心，任何生命都不该被用某些方式对待。

动物还是食物？文明框架下的人狗关系

另一方面，台湾当局主管部门于 2017 年 4 月 11 日三读通过禁吃猫狗肉，明文规定凡"贩卖、购买、食用或持有犬、猫的屠体、内脏或含有其成分的食品，可处新台币五万元以上二十五万元以下的罚款，并得公布其姓名、照片及违法事实"，这在亚洲尚属首次。消息一出，反应却是两极。赞成的不待多说，反对的声音则可归纳为两种主要态度，一是前述的"独厚猫狗"逻辑；二是认为饮食关乎文化，不应以法律限制之。[65] 独厚猫狗的部分在此不重复申述，对于不同文化脉络中，猫狗作为食物与同伴动物的角色差异，却可进行一些思考。

事实上，台湾吃狗肉的风气并不算盛行，吃猫肉则更罕见，换言之，食用猫狗并非台湾主流的饮食文化，因此，之前有关食用猫狗肉的争议案例，几乎都因移工吃狗而发生。[66] 每当这些新闻事件引起关注时，民众的反应亦不外乎两种，关心动物者发起"文明人不吃猫狗"的呼吁；另一边则认为越南吃狗是文化，秉持尊重多元文化的立场，不应过度干涉。这些看法其实并无绝对的是非对错，但在支持与反对的两端，却仿佛隐含着一种城市文明与饮食文化对立的关系，就值得深入探究了。

文明人不吃猫狗？

首先，无论是移工吃狗争议，或是受到国际动保组织高度关注的广西玉林狗肉节活动，许多团体都是以"文明人不吃猫狗"为诉求，尤其值得注意的是，2017 年 6 月间巴厘岛将狗肉假装成鸡肉制作成沙嗲的新闻，引发民众呼吁抵制前往巴厘岛旅游，愤怒的群众指责的内容多半不出"野蛮""残酷"等形容词。[67]但这种隐含着进步 / 落后、优越 / 愚昧、文明 / 野蛮二元对立关系的模式，其实就社会运动的策略而言，效果可能是非常有限的。因为此种诉求背后的潜台词，就是批评食用狗肉者是不文明的、落后的、野蛮的。也就是说，它多半只能召唤那些原本就不会将猫狗列入食用对象的人，而较难促成其他的实质改变，甚至只是激化更多的对立情绪。

但是，巴厘岛狗肉事件其实相当值得注意，因为它可说在无意中实际进行了一场道德思想实验。梅乐妮·乔伊（Melanie Joy）在《盲目的肉食主义》（*Why We Love Dogs, Eat Pigs, and Wear Cows*）中，就曾生动地形容：如果我们在派对中请教友人美味炖肉的做法，对方却回答"首先要准备五磅黄金猎犬肉"，这个答案可能会令我们手足无措，但假设朋友接着表示他是开玩笑的，锅子里只是普通的牛肉，此时我们对那锅肉的感受，是立刻继续放心享用，还是会在心理上残留着不舒服的感受？借由这个虚拟的情境，乔伊带我们认清人们对肉的认知的确有所不同的事实："在数万个动物物种中，你觉得可以吃而不觉恶心的物种就只有少数几种……人类在选择可食用动物与不可食用动物时，最显著的依据并不是感觉到恶心感的存在，而是因为这种感觉不存在。"[68]巴厘岛的"鸡肉"沙嗲原来是由狗肉制成的事件，无疑印证了我们看待肉的标准与认知差异。

另一方面，这个事件其实也具体凸显出以残忍来讨论吃食，很容易回到前述"独厚猫狗"的逻辑循环：凡是针对残忍而不该吃某种食物的呼吁方式，常遭到"那吃牛猪鸡不残忍吗"的质疑——偏偏若以动物福利的眼光来看经济动物议题，工业化农场中的动物对待，的确很难回避残忍的质疑。于是讨论的焦点，往往就偏离成对道德不一致的批评。

残忍可以讨论吗？当然可以，毕竟别的事同样残忍并不能抵销某件事本身的残忍，也无法因此创造这件事的道德合理性。但由于残忍与否在不同环境中往往难以用同样标准判断，每个人对残忍画下的道德底线也必然有程度上的差异。因此真正的问题并不在于残忍能不能讨论，而是把焦点放在残忍上太容易陷入道德上二元对立的迷思，可以对个人选择带来某种约束性或影响力，但放置于整个产业链甚至公共政策或法律层面来讨论时，偏向情感呼吁的"残忍"就较难成为有效的标的了。

饮食文化不容干涉？

如此看来，我们是否可以归纳出以下的结论：若吃狗肉并没有比吃其他动物的肉"更"残忍（先让我们暂时放下何谓残忍的定义问题），就算我们个人对狗肉的认知不同，也应该尊重其他人在不同文化下的认知和选择，吃狗如果是文化，就应该尊重多元文化，不应该将自己的标准套用在别人身上。表面上看起来确实是如此，然而，关于吃狗是文化，所以应该尊重多元文化的说法，或许仍有进一步商榷的必要。

事实上，多元文化之所以多元，正在于它是流动的、因时因地制宜的，文化不是一块不容动摇的铁板，更不是一块拿到哪里都可以当成免死金牌的通行证。以跨国移动的状况而言，对于异国文化的不知情固然会带来整体生活上各种需要重新适应之处，但我们通常不会主张在异国可以无视对方的法律和宗教文化等习俗。[69] 有个有趣的反例，更可看出所谓文化概念的浮动：当大型量贩店家乐福（Carrefour）中国分店贩卖狗肉制品时，人们并未将其看成法国公司顺应中国饮食文化，而是在动物保护团体与市民联署要求之下将狗肉下架[70]——虽然他们并未承诺日后不再贩售狗肉，仍可看出文化与食物的关系不见得是如此理所当然与稳固的。

此外，多元价值固然是民主社会的重要资产，但如同约书亚·格林（Joshua Greene）在《道德部落》（*Moral Tribes*）一书中曾提醒的，多元主义是重要的，而且在形而上的层次是正确的，但落在我们身处的现实环境中，它对我们解决问题并没有太多帮助，如果我们只是坚持捍卫每个人各自拥抱的正义、道德与文化，很多时候"我们并不是在做一种论证，而是在宣称论证已经结束"[71]。

更重要的是，所谓的"传统文化"也可能是商业营销所塑造出的结果，或是因为商业营销而质变。以玉林狗肉节来说，2014 年的一篇报道指出，一个狗肉节带来的收益，若包含交通、住宿、旅游等，可达千万人民币左右，巨大的经济效益让狗肉节成为当地人民重要的期盼，尽管这个所谓的文化传统，"只是近十年来才兴起的"。事实上，若要谈"传统文化"，具有比玉林更驰名也更悠久的食用狗肉传统的是隔壁的贵州。但名扬四海的"花江三绝"（花江狗肉、花江米粉、花江酒）之一的"花江狗肉"已不在当地推荐之列。贵州媒体人孙中汉的说法颇值得注意：

> 若论"传统"，谁也无法和贵州花江狗肉作比，其源于三国，至今已有上千年的历史。说花江狗肉既是一种食品，也是一种文化，一点也不过分。但你为何听不到贵州人渲染"六月六"民族节庆？因为古老的也好、传统的也罢，都不意味着可以超越时代人类共识。就吃狗肉而言，能不吃尽量不吃；退一万步

讲，吃你尽可以吃，但将它当成"节日"甚至包装成"产业"，这就难免引起众怒。[72]

文中提到的"时代人类共识"，其实正是文化的真义。文化所反映的，不就是不同时代某个区域某些人的生活方式吗？它不需要被神圣化，也不应该被妖魔化。若我们能用这样的眼光重省文化的意义，方能真正平心静气地去寻找属于这个时代、属于我们这个地方的文化的独特样貌。

丹·巴柏（Dan Barber）曾在《第三餐盘》（*The Third Plate*）一书中引用美国自然作家温德尔·贝利（Wendell Berry）的看法，强调"食物是一种过程，一种关系网络，而不是个别的食材商品"[73]。若我们能以这样的眼光来看待食物，就会发现情感、认知、人道、文化，从来不可能单独抽离出来讨论单一"食材"的合宜与否，因为它们同时作用在我们的食物与农业体系之中。重点不是某一种食材能不能吃，而是我们为何吃、如何吃？如果用体系的观点来讨论，我们就会发现无论将哪一种条件视为优先，其实都殊途同归。换言之，我们无须指称灌食很残忍，也可以不同意此种饲养法背后的农业体系[74]——尤其是，我们将会发现，这样灌食得来的鹅肝或肉类，根本不会好吃。

邓紫云（兜兜）在《动物国的流浪者》一书中，曾记录了一段在印度那加兰传统市场和肉狗相遇的经历，或许可以作为食物是关系网络的例证。当时她看见全身被麻袋束缚，只有头部露在麻袋外，口鼻也被麻绳绑住，周围飞满了苍蝇，只能静静等待死亡的几只小狗。其中一只小黑狗嘴部的绳子松了，它想舔舔自己，但只舔得到麻袋的边缘。她迟疑地靠近，伸出了手，小黑狗闻了闻，看了看她，然后毫不迟疑地舔了她的手："它的眼神，那个眼神，没有一丝怨恨。那不是'救救我'的凝视，那是'陪陪我，我知道发生什么事，但是陪我'。那是相信人，那是原谅人的眼神。"[75]于是她发现，自己"再也无法刻意视而不见人与狗之间特殊的连结，那已经一同生活了一万四千年的默契"[76]。关于为何独厚猫狗，关于为何更多人希望让狗是宠物而不是食物，这就是答案。

而且，这个故事有个并不感性却更能说明道德议题之复杂性的结尾：她在后来当地的聚会中，尝试了狗肉的味道。这看似矛盾的行为，反而更凸显出人如何对待动物，其实是在欲望、伦理、文化、宗教、法律的种种冲突中进行选择的结果。但只有我们愿意在每一次选择的过程中永远不放弃思考与感受，生命才能得到真正的慎重以对与尊重。

相关影片

○《养生主：台湾流浪狗》，朱贤哲导演，2001。

○《爱与狗同行》，陈安琪导演，2008。

○《马利与我》，大卫·弗兰科尔导演，欧文·威尔逊、詹妮弗·安妮斯顿、埃里克·迪恩主演，2009。

○《忠犬八公的故事》，拉斯·霍尔斯道姆导演，理查·基尔、琼·艾伦、萨拉·罗默尔、艾瑞克·阿瓦利主演，2010。

○《十二夜》，Raye 导演，2013。

○《白色上帝》，凯内尔·穆德卢佐导演，苏菲亚·索姐、山德勒·苏德主演，2014。

○《军犬麦克斯》，鲍兹·亚金导演，乔什·维金斯、托马斯·哈登·丘奇、卢克·克莱恩坦克主演，2015。

关于这个议题，你可以阅读下列书籍

○亚丽珊卓拉·葛希拔（Alexandra Garibal）著，尉迟秀译，弗列德·本纳格利亚（Fred Benaglia）绘：《城市的狗》。台北：步步出版，2018。

○卡罗琳·帕克斯特（Carolyn Parkhurst）著，何致和译：《巴别塔之犬》。海口：南海出版公司，2018。

○大卫·葛林姆（David Grimm）著，周怡伶译：《猫狗的逆袭：荆棘满途的公民之路》。台北：新乐园出版，2016。

○约翰·霍曼斯（John Homans）著，夏超译：《斯特拉不只是一只狗》。桂林：漓江出版社，2014。

○强纳森·法兰岑（Jonathan Franzen）著，洪世民译：《到远方："伟大的美国小说家"强纳森·法兰岑的人文关怀》。台北：新经典文化，2017。

○太田康介著，叶韦利译：《被遗忘的动物们：日本福岛第一核电厂警戒区纪实》。北京：北京联合出版公司，2013。

○太田康介著，王俞惠译：《依然等待的动物们：日本福岛第一核电厂警戒区纪实2》。台北：行人文化，2012。

○片野ゆか著，王华懋译：《我要它们活下去：日本熊本市动物爱护中心零安乐死10年奋斗纪实》。台北：本事文化，2013。

○本庄萌（Moe Honjo）著，杨明绮、叶韦利译：《世界的浪浪在找家：流浪动物考察与关怀手记》。台北：木马文化，2018。

○"放它的手在你心上"志工小组编：《放它的手在你心上》。台北：本事文化，2013。

○林清盛：《第十个约定》。台北：新经典文化，2016。

○林忆珊：《狗妈妈深夜习题：10个她们与它们的故事》。台北：无限出版，2014。

○陈冠中：《裸命》。台北：麦田出版，2013。

○邓紫云（兜兜）：《动物国的流浪者》。台北：启动文化，2016。

○刘克襄：《野狗之丘》。杭州：浙江大学出版社，2010。

4 同伴动物 篇 II

在野性与驯养之间

猫驯服了人类？

法国人类学家马塞尔·莫斯（Marcel Mauss）曾言："人类驯服了狗，而猫驯服了人类。"[1] 若观诸人与猫狗在漫长历史上的复杂互动，这样的二分法自然略显武断，也是对于"驯化"概念的挑战，但它确实言简意赅地指出了同是人类最常选择的动物同伴，猫在人类心中的意义，和狗的确有着微妙的差别。若与第三章所述"忠犬护主"的人狗故事模型以及狗在文学中相对常见的"忠实"形象相较，猫在文学艺术中的形象不只复杂得多，更有趣的是，许多猫故事里往往还会显露出一种在人狗故事中罕见的近似爱情的迷恋。

许多创作者都爱猫，写出恐怖文学中最知名与令人难忘的猫咪形象《黑猫》的埃德加·爱伦·坡（Edgar Allen Poe），就是个不折不扣的爱猫人。猫不只扮演着缪斯女神般的角色，它们有时让人津津乐道之处甚至在于如何"以阻止／妨碍人类工作的方式，'协助'人类工作"。侦探小说家雷蒙德·钱德勒（Raymand Chandler）就在信中描述他的猫是自己的"秘书"，这位秘书的角色如下："通常不是坐在我刚用过的纸上，就是坐在我想修改的草稿上；有时它倚着打字机，有时也踞在桌子一角，静静看向窗外，好像想说：'亲爱的，你在那里忙东忙西根本只是浪费时间。'"[2]无独有偶，其他作家对于爱猫的举动也有类似的描述与诠释，法国作家皮埃尔·洛蒂（Pierre Loti）表示："我有时只要一坐近书桌，它就来我膝上坐。跟着笔杆来回摇晃，甚至出其不意，一掌劈下，划掉它不赞同的那几行。"[3]另一位作家汉斯·本德（Hans Bender）则对于猫咪"小疯"把打字机旁的草稿扯碎的举动，充满爱怜地说："我知道它专挑布满修改笔迹的初稿二稿，独独不撕完稿清样。真是善体人意的猫。"[4]在此种"猫咪永远是对的"的逻辑下，人仿佛放弃了他们要求狗所具备的那些忠实护主、牺牲奉献的特质，宁可牺牲自己的便利、时间与舒适，也不愿剥夺爱猫一丝一毫的生活乐趣或是惊扰它们的睡眠——如同传说中因为猫咪压在衣袖上，宁愿把衣袖割断以免打扰猫的穆罕默德一般。

观诸当代的人猫关系，似乎也证明了上述案例并非少数饲主一厢情愿的情话绵绵，猫在历史上尽管曾因被视为撒旦的化身，经历了惨酷的"猫大屠杀"[5]，在文学艺术中似乎也难以完全摆脱邪恶阴森的形象[6]，但它们那难以完全被人类驯服的野性，不把人类放在眼里的某种淡然，却虏获了无数人的心。从世界各地屡屡出现的猫站长、猫店长、猫馆长，都可看出猫受欢迎的程度，以及城市中微妙的人猫关系，日本的"小玉站长"、台湾的"黄阿玛"和香港的"忌廉哥"，就是几个为人熟知的猫明星之例。[7]

猫不只以明星化的形象广受欢迎，这些"站长"或"馆长"的出现，最初虽然仍不免带着传统动物利用的功能性目的，希望它们发挥捕鼠的作用，但奇特的是，人和猫的关系中有一项在其他动物利用的历史里从未出现，而且几乎可以说是跨文化的状况，那就是订立猫的"工作契约"。李仁渊在《猫儿契》一文中，就举了一则元代出版的《新刊阴阳宝鉴克择通书》中的契约模板"猫儿契式"，正中央是猫的画像，契约内容围绕着画像由内而外以逆时针方向书写。兹引其文如下：

> 一只猫儿是黑斑，本在西方诸佛前，三藏带归家长养，护持经卷在民间。行契××是某甲，卖与邻居某人看。三面断价钱××，××随契已交还。卖主愿如石崇富，寿如彭祖福高迁。仓禾自此巡无息，鼠贼从兹捕不闲。不害头牲并六畜，不得偷盗食诸般。日夜在家看守物，莫走东畔与西边。如有故违走外去，堂前引过受笞鞭。某年某月某日，行契人某。

契约的两边则写上"东王公证见南不去，西王母证知北不游"[8]。

这则契约是买猫之后所订，虽然以猫的角度来看，这仍然是一个在非自愿状态下被人买卖的"被契约"，若未乖乖捕鼠还要"受笞鞭"，然而猫儿契真正不寻常之处在于，虽然"买卖牲畜动物都有相应的契式，但只有买猫独树一帜，不仅有画像、特别的形制、有行为规范，还需要东王公、西王母来见证。也只有猫儿契是放在需要特别阴阳知识的通书之中，在日用类书里被归为克择门。猫儿契的契文本身是七言韵文，并写成螺旋状，具有术法的色彩"。中国传说认为家猫是唐三藏往西方取经带回来的，且能在寺院中护持经卷、伏恶降狞，或因如此，要请猫儿工作，还需要借助神灵与仪式的力量，"在人与所有动物的劳动关系中，只有和从佛国带来民间的猫要如此费心"。

不过，猫儿契在清朝之后相当少见，李仁渊遂下了这样的结论："或许人类在历经数百年的失败之后，已经放弃了以文字或神灵驯化猫的尝试，束手为奴。"这样的看法仿佛呼应了莫斯"猫驯服人类"的说法，但事实上，猫儿契约既非中国"特产"也并未消失，而且似乎还朝着待遇更加优渥的方向发展。在19世纪的英国，每间邮局都可聘用几只"公务猫"，这几只猫必须"通过招募考试"，若灭鼠成效不彰，就"中断薪资给付"[9]；美国在1900年前后，也有300只猫成为邮局的正式员工，邮局局长还需要撰写猫的工作成果报告[10]（毕竟猫没办法自己写，虽然可能很多人会相信它们做得到）。时至今日，世界各国都有不少知名的"猫职员"，且经过正式聘请的程序，例如俄罗斯的猫咪图书馆员"库加"，每个月就有固定猫粮作为薪水[11]；日本和歌山的猫站长"小玉"去世后，现在已有二代站长接班，还有实习生制度[12]；就算未经过这些礼聘的程序，被收养的流浪猫也可能摇身一变成为备受荣宠的睡在黄花梨双龙戏珠罗汉床上的博物馆馆长。[13]至于街头巷尾一间又一间的猫咪咖啡、猫咪杂货数量之多就更不用说，手持猫地图按图索骥在小店或街角寻猫，也成了爱猫人与摄影师喜爱的城市行脚方式。这些现象似乎不是用少数人"爱猫成痴"就可以解释的。猫究竟有什么让人情有独钟之处，使它们得到了某种确实有别于其他动物的对待方式？但越来越多的猫咖啡、猫杂货，甚至猫街或猫村，究竟是"猫权高张"的指标，或者反而显露更多动物"观光化"之后的隐忧？这是本章欲着力讨论之处。

以下将由几部以猫为主题的文学作品：多丽丝·莱辛（Doris Lessing）《特别的猫》、朱天心《猎人们》与刘克襄《虎地猫》，作为切入讨论的起点。借以观察在当代城市生活中，猫的天性如何成为争议的焦点；它们介于野性和驯养之间的特质，如何影响了与人类的互动模式；并以移动性的概念，带入城市空间中动物空间逻辑的新思考；最后则讨论日益兴盛的猫咪观光背后可能隐含的动物福利问题。

透过猫的眼睛看世界

多丽丝·莱辛《特别的猫》，可说是最精彩与经典的猫文学之一，不只写出了人对猫的情感，也生动地刻画了每一只猫独特的性格。其笔下自尊心强、骄傲的"灰咪咪"与另一只"黑咪咪"之间的互动充满戏剧张力，让读者充分感受到猫这种复杂迷人生物的魅力，确实如莱辛所形容的那般灵动美好："若说鱼可算是流水的具体塑像，那么猫就等于是风的图饰，描绘出那难以捉摸的风的姿态。"[14]

但《特别的猫》之所以动人，并不在于莱辛对猫的礼赞，毕竟这样的主题几乎是大部分猫文学中的基调，而是她非常细腻地回溯了成长过程中和动物的关系，从而描绘出自身从非洲那样纯粹野性的世界，跨入伦敦这个足以代表人类文明发展的大都会后，对于猫这种生物的理解和想象的变化，以及重新适应的过程。当我们和莱辛一样，想要探问猫眼中的世界，并好奇它们在观察人们铺床、扫地、打包行李时，究竟看到了什么，其实也就等于参与了这场猫与人对"世界"概念的重新丈量：

"每当灰咪咪一连花上半个钟头，望着在空中飞舞的尘埃时，她究竟看到了什么？而当她望着窗外迎风摇摆的树叶时，她又看到了什么样的景象？当她抬头凝视悬挂在烟囱上方的月亮时，她眼中所看到的又是何种风景？"[15]

都市猫灰咪咪的眼中，会看到什么样的风景？这并非只是莱辛浪漫化的抒情提问，事实上，她确实试着透过猫的眼光去体验城市。当她带着灰咪咪和黑咪咪去结扎时，灰咪咪崩溃惊吓的反应，透露出窗外的车流对于一只猫来说，是发出轰隆怪声、黑压压的巨大机器。漫长的车程让莱辛得以"透过一只猫的眼光，去重新体验现实的交通状况，学到了崭新的一课"[16]。城市猫的世界开启她对猫与自然关系的新观点，也打破了她曾经想要用非洲童年生活中那些理所当然的野地自然法则，来与都市猫相处的尝试。

事实上，灰咪咪并非莱辛饲养的第一只都市猫，当初她想要找的，是一只"坚忍顽强、性格单纯、要求不多，并且有能力保护自己的猫。……它得自己去抓老鼠吃，要不然就乖乖给什么吃什么……这些条件自然跟伦敦的环境毫无关连，而是我依照非洲的生活所定出来的"[17]。按照过去的非洲逻辑与成长记忆，没有人会为猫做"去势"手术，对于每年母猫频频生小猫的状况，基于"总得有人动手除掉这些多余的小猫吧"[18]的理由，也被视为必要之恶；尽管这样的事情不代表执行的人会感到愉快，莱辛的母亲就曾经短暂地拒绝过扮演生命仲裁者的角色，但最终对于猫满为患的情况，她也只能"温柔地抚摸猫咪，并轻声哭泣"，在和心爱的猫咪道别后，一言不发地离开家门。[19]而且，就算这场原本可以避免的猫大屠杀让全家人都感到不安，将多余的猫"处理掉"仍然是非洲基本的生死法则。

但是，她很快发现，"都市猫的生活实在太不自然，它们当然永远也无法养成乡下猫的独立个性"[20]，这只会等门、只肯吃"煮得嫩嫩的小牛肝和煮得嫩嫩的小鳕鱼"，最后却因为从屋顶上摔下来而不得不安乐死的猫，从日常生活到死亡，都在在冲击了她过去对于"我们的老朋友大自然"[21]的想法。或者更直接地说，她终于发现非洲法则不可能适用于都市。当城市文明提供了其他选项，依照过去的习惯把多出来的小猫"处理掉"就成为一种可怕的诅咒，在经历过一次"诅咒大自然、诅咒对方，并诅咒生命"的痛苦过程后，她终于"下定决心要把黑猫送去结扎，因为说真的，受这种苦真是太不值得了"[22]。尽管她也曾经一度觉得把动物结扎是剥夺它们天性的可怕之事[23]，但在都市法则的逻辑中，这仿佛也成为另一种"处理"的必要之恶。毕竟当生活的地点不再是充满掠食者的野外，但演化的速度与生活方式的改变并未同步，原先为了应付自然淘汰的生育量就显得缺乏调整的弹性，为动物进行违反天性的结扎也就成为都市法则中不得不然的某种妥协。

而莱辛对于"自然法则"的思考和挣扎之所以别具意义，是因为她恰好身处非洲和伦敦这两个位居自然／文明光谱两端的地方，价值观的差异遂带来格外极端的对比与冲击。但这样的矛盾并非只有在最典型的原始自然或文明城市中才会发生，家猫介于野性与驯化之间的特质，让城市中的人猫关系，必然面临如朱天心形容的："人与野性猎人在城市相遇，注定既亲密又疏离的宿命。"[24]猫猎人的形象成为它们在城市求生的双面刃，既是猫族魅力的来源，却也承担了野生动物杀手的恶名。在都市空间和自然野性相遇时，该如何拿捏其中的距离？如果说，在数量控制、安身立命与"活出猫性"之间，如何取舍实无标准答案，透过朱天心的《猎人们》，或可充分理解此一议题何以艰难。[25]

注定亲密又疏远的宿命

在《猎人们》一书中，我们时常可以感受到朱天心试图与猫保持"合宜"距离的努力。对于猫妈妈在生养小猫过程中的某种自然筛选与淘汰——那病弱的、跟不上母亲搬家速度的，总免不了在一胎中折损几只——她一方面用理智说服自己，对于食物来源有限的流浪猫来说，这是不得已的筛选机制，以便养活那最有可能顺利长大的一两只，故忍住不插手不介入；但另一方面，"真遇到了，路旁车底下的喵喵呜咽声，那与一只老鼠差不多大，在夜市垃圾堆里寻嗅觅食的身影，那直着尾巴不顾一切放声大哭叫喊妈妈的暗巷角落的剪影……看到了就是看到了，无法袖手"[26]。因为看到了，所以无法袖手。这看似单纯的大原则背后，牵涉到的问题却是超乎想象的复杂。首先，这"合宜"的距离出自人类单方面的想象，插手猫的生活，却又勉力维持一定距离，对猫来说也可能造成困惑，猫咪"花生"就是最好的例子。每逢猫猎人"花生"衔回蜥蜴，抢救心切的朱家人总以猫饼干换得她的松口，结果事情逐渐演变成"花生"想吃饼干，就打猎来换，朱家不堪这长期以物易物的交易窘境，决心除了定期喂食之外不再回应"花生"以其他猎物交换猫饼干的行为，冀望如此一来，就能"回到很多人家人与动物的'正常关系'，冀望她不要那么在意我们（在意我们到底爱吃蜥蜴还是鸽子），冀望她能明白自己是一只猫，属于猫族"[27]。但这奋力维系的界线，却以"花生"跳窗出走几日后死在地下停车场黯然收场，让朱天心不得不猜想是否正因为她们不再与它进行"好吃又好玩"的交易游戏，才让它受创离去。除此之外，每一次带猫去结扎，也都要经过一番心理挣扎，之后总是几乎毫不例外地"后悔剥夺掉她那最强烈的生命原动力，这漫漫无大事可做的猫生，可要如何打发度过"[28]？但是"一以便空着配额给那总也捡不完的小野猫；二是如此公猫才不致为了求偶而跑得不知所终，回不了家"[29]，即使内心矛盾，却又似乎是不得不为之的"必要之恶"。

另一方面，因为介入，因为插手，猫族也可能在这样的互动中，逐渐地"丧失天性"，例如那些"只要爱情不要面包"的猫，因为爱上了人，日日衷情守候，等待着撒娇拥抱的时刻；(幸运些的)索性进入家庭，认同于人，最后连猫族视为家常便饭的跳跃本能都逐渐失去。[30]对这些猫族赋予的信任与亲爱，朱天心感动骄傲之余，心情却是复杂的，因为这在在说明了每一次看似微不足道的介入和决定，都可能改变一只猫的命运。我们认为动物应该"活出本性"(flourish)，如同本书《导论》中曾提及玛莎·努斯鲍姆的伦理学所强调的，"如果我们承认，生命不只涉及快乐与痛苦，道德的考量也根本不应该局限于此，我们就会意识到，让一个生命尽其本性、以其应有的方式运作、发达，乃是一件具有道德意义的'好事／价值'"[31]。但是"各种动物的生活要如何才算'尽性'、动物生命如何才算按照其应有的方式运作，从而我们应该保障动物的什么能力，都是很复杂的问题"[32]。如同绝育放养的街猫，它们既有猎人的天性，却又已被人类半驯养，自然与文明的界线模糊在这类动物身上可说充分体现。"本性"既已难定义，让生命体都能活出本性的理想在落实上的困难，更由此可见一斑。正因如此，种种界线与距离的拿捏，其间的分寸得失，遂显得格外犹疑与艰难。

那么对朱天心来说，什么才是理想的城市动物空间？她曾以东京镰仓江之岛的状况为例，形容心中的乌托邦：

我喜欢他们的不必理我，不必讨好人，不必狎昵人，或相反的不需怕人，不需因莫名恐惧而保命逃开……他们只是如此恰巧地在生存环境中有人族存在，仅仅如此而已，人猫各行其是，两不相犯，你不吃我我也无需对你悲悯，有闲的时候，偷偷欣赏一眼便可。[33]

无论此种人猫"各行其是"的空间是否带着观光客凝视下的美化，都可看出在这个理想图示的背后，核心精神仍是让猫带着一定程度的本性，与人共享生活空间。但这样的愿景若将其他动物一并纳入，"猫猎人"的身份就可能转变为威胁野生动物存续的"生态杀手"。

猫对野生动物造成的危机究竟有多大？关于这个国内外争议许久的问题，始终没有共识[34]，而且看似单一问题的背后，其实还缠绕着诸多态度分歧的争论，遂让状况变得更为复杂。包括：我们如何看待猫（狗）的驯养过程与饲养方式？[35]TNVR 是解决城市流浪动物的最佳解吗？猫狗是外来种吗？若它们是外来种，移除就是把它们"处理掉"的唯一或优先选择吗？上述任何一个问题的歧异，都会影响最后的态度与结论。更重要的是，一只在野外活动并捕杀了野生动物的猫，可能代表着从小就在野外出生、乡间放养的习惯、不当饲养与弃养、认为猫应该活出野性而刻意放养、TNVR 后再原地放养等各种迥异的原因，每项成因需要对话的对象与解决方式都不相同，换言之，若将其一概而论，回推给部分爱动物人士"任由猫狗在街上撒野"，并以"爱它就带它回家"作为流浪猫狗问题的终极方案，恐怕仍是无法触碰核心、过度简化的想法。[36]

此外，在讨论这类问题时，物种的差异、环境的区隔、个体的状况，也都必须考量进来。刘克襄就曾以自己在香港岭南大学进行猫观察的经验指出，他所观察到的猎杀，对象多半是生病或刚出生不久、缺乏经验的个体，而猫和狗的猎捕状况也会因区域而有所差异：

> 假如我今天谈的是野地的流浪狗，很可能就无法以都市的流浪狗看待。流浪狗在围捕时，常常有一策略性的围捕，譬如捉浅滩的鱼，一只狗会在这头赶，其他的在另一边埋伏。……这种狗的围捕策略在猫身上就很难出现，或者说猫不像狗，一只狗如果跑进了养鸭的环境里面，它可以一天内把全部的鸭子都咬死。那猫会不会呢？或许在鸟笼里，它有可能，在野外环境恐怕不易。……这是非常区域性的，必须透过很多调查和访问来了解。或还有一个先决条件，是猫跟狗往往有领域性和区域性的，它不可能随便到一个地方就贸然猎捕，它们要移动到一个新的地方，就要面临到很大的变动，这种情形下应该以个案讨论为宜。[37]

但另一方面，就算基于关怀不同物种的优先序，也并不见得会得出相反的结论，担心街猫伤害鸟类，与担心街猫在外遇到路杀或虐杀的风险，可能都会导向同意猫应尽量豢养在家中，选择ＴＮＶ之后尽可能送养的途径。毕竟对于许多猫志工来说，牵挂自己喂养的猫在街上遭遇风险的心情，可能如同朱天文所形容的："犹如人质的家属，每只街猫都是猫质。"[38]但因为每个选择的背后，都勾连着不同的原因与价值观，讨论与对话始终如此困难。关于猫猎人究竟是否为生态杀手、又该如何解决的质疑与争议，也就注定在人、猫、狗以及其他野生动物共存的现实空间中，持续下去。

在移动中互动

但是，若"全面放养"与"喜欢都带回家"某意义上而言都属于不切实际的解决方案，人猫关系是否还有其他折中的可能？刘克襄的《虎地猫》以一群在香港岭南大学校园内，介于驯化与野生之间的猫，提醒了读者任何议题的光谱都不是只有两个对立的极端，在人与动物的关系之间，还有一个重要的变项，就是双方的移动模式，也会影响彼此的互动关系。

事实上，像《虎地猫》这类作品，过去常会被归类为"定点观察"的生态纪录，连刘克襄自己也曾在《跑单帮的小虎》一文中开宗明义地表示："过去一到任何地点，我都习惯以博物学角度，记录各种观察的心得。……在校园里，我避开了城市巷弄的潜藏……更无须借由固定的喂食动作，吸引流浪猫的到来。我可以长时守候一地，多个角度观察它们的行为。"[39] 由文中的"长时守候一地"就可看出，他自己也将这样的书写模式定位为定点观察纪录。但有趣的是，其实这部作品之所以成立，关键与其说是"定点"，不如说是"移动"[40]。

试看刘克襄如何描述他每日的观察路线：

> 每天清晨，在宿舍用完早餐，我习惯走路到研究室读书和写作。这段路程首先会翻越一座小山，我取名为双峰山。再经过一座中式庭园，接着是广场和现代花园，最后绕过游泳池，越过马路到另一校区。此段路，散步的直线距离约八九分钟。

但为了观看虎地猫，我改采 Z 字型绕路。有时会绕双峰山一圈，下了一个叫龟塘的小池塘，再走进中式庭园徘徊。紧接，穿越广场到现代花园驻足。每次我都要观看好几十只，或者注意某几只最新的状况，避免错失对每只猫进一步认识的机会。……等认识的虎地猫愈来愈多，而且都有些熟稔后，我从宿舍出发，抵达研究室的时间愈拉愈长。[41]

之所以将这段移动路线详细摘录，是因为整个虎地猫观察的基础就建立在这样的绕行之中。这段路程所行经的区域，区隔了不同"帮派"的虎地猫生态。更重要的是，观察成立的前提不只建构在刘克襄本人的移动上，更取决于虎地猫本身的移动形态和方式，换言之，是人的移动与猫的移动共同完成了这样的观察。

在此，移动性的概念为理解刘克襄的虎地猫书写提供了一个重新思考人与动物关系的切入点。关于城市移动性的讨论，时常强调其中的节奏化模式取决于其他参与者的"同步协调"：因此，每天早上踏进办公室，我们会期待里面并非空无一人的状态，而是大家会在同样的时间抵达，而抵达办公室的前提，又在于我们搭乘的交通工具和其驾驶员，也在这样的同步移动下运转。"没有这一切同时并行的移动性，事物会迅速瓦解"[42]。我们通常不会注意／在意这些同步性的存在，但如果出现无法协调的、失效的节奏，我们就会意识到这些移动性的范围。[43]

由此观之，城市的节奏是由这些同步与不同步的行动旋律交织而成，只是我们过去在谈论城市中的人与动物关系时，很少将动物的节奏放进这个思考的框架。但事实上，许多自然书写的作家，都曾以自身身体的实践，来回应"人以外的世界"之节奏。以吴明益《家离水

边那么近》为例，就体现出步行得以舒展想象力并隐含"革命"可能
的态度[44]，在此一实践的过程中，身体的主体仿佛退位，而与其他的
生物和环境身体产生流动与边界模糊。在《家离湖边那么近》一章中，
他以水猿之姿走入湖中，试图丈量湖的周径，可以想象这样的尝试不
可能得到稳定的答案，但对吴明益而言，他"只是想以不准确的步伐
丈量校园里一座活的湖的体温而已"[45]。"活的湖的体温"一语值得注
意，人类身体与环境身体在此产生了共通之处，而非主体与客体的对立。
李育霖据此进一步分析：

> 如果"身体"不再是生物体具体或稳固的形式，而是对偶
> 感官邻近性组成的境域，在这一构图中，人与其他物种"身体"
> 的关系，也被一种物事之间复杂的权力关系所界定。如读者所
> 见，作者的步行被速度与距离所制约，但那只是表面上的。事
> 实上，作者以其特定的速度测量与环境之间的关系，或者反过
> 来，作者的身体与其他身体的关系为速度所决定。换句话说，
> 溪流、大海或湖泊以其各自的运动与速度，步行启开了生命的
> 律动。[46]

溪流、大海与湖泊，都有各自的运动与节奏，动物亦然。而人要如
何与这些不同的节奏对话甚至产生同步的可能？刘克襄的虎地猫观察，
虽然不同于吴明益将自身身体投入自然之中，达成的某种身体与物种间
的流变[47]，但他必须透过虎地猫的移动节奏来建立自身移动与观察节奏
的状况，却从另一个角度展示了人与动物同步协调的可能，而这样的同
步协调，对于思考城市空间中的动物处境而言，具有相当重要的意义。

《虎地猫》的其中一个观察重点，在于"跑单帮"的猫与其他集团猫之间生活模式的巨大差异。相较于接受人类喂养的半驯化集团猫，跑单帮的那些，移动范围更广，行踪也较难掌握。多数集团猫"生活在食物丰沛的地方，很少会远离觅食的环境，泰半拘泥于篮球场大小的空间"[48]，跑单帮的老大"一条龙"则要"走很长的路，漫游自己的领域，每天巡视那么一回，才能安心和满足"[49]。因此，要观察一条龙的行为模式，必须依照它的路径、节奏与距离。《虎地猫》让我们看到人的介入与猫的接不接受介入，实有无数变化与流动的可能，无法用单一标准涵盖。更重要的是，这个距离并非由人类单向决定，更多时候主控权甚至取决于猫，以"黑斑"为例，它往往在距离人三四十米远的地方，就毫不犹豫地钻入下水道，但"这个距离，不论对虎地猫或者其他街猫，安全指数都相当高。再敏感的猫，都不至于抬头，准备离去"[50]。由此可以看出，尽管在岭南大学这个得天独厚、相对友善的校园，每只猫因其个性、能力和地位所选择的生活空间、移动方式与互动距离，都有着相当大的差异。刘克襄此书，不只更全面地展现了城市动物的处境，也对人与动物关系建立在"双向互动"上的事实做出了重要的提醒。

此外，《虎地猫》文末的"加映场"福州猫观察篇，则是基于对虎地猫的想念，在台湾努力寻觅适当的观看区域之纪录。猫自然不会因你的期待而出现，于是他只能"以不小心撞见的方式，跟街猫对话"[51]。这些在捷运辛亥站附近出现／撞见的猫，遂被他称为福州猫。刘克襄的福州猫观察，有一特别值得注意之处，就是他透过该区的街猫老大"白足"与虎地猫"一条龙"活动方式的差别，勾勒出城市猫的生存法则。他形容"一条龙"如狮子，"白足"则似老虎；"一条龙"在岭大的生活条件得天独厚，可以横越整个草原，但都市地形复杂，巷弄窄仄，"白足"

的行动就需要更加谨慎。这些街猫三维的生活空间，其实丰富了我们对于城市空间的想象与观察视角。彼得·艾迪（Peter Adey）曾以电影《皇家夜总会》（*Casino Royale*）中詹姆斯·邦德（James Bond）与疑犯的追逐，说明移动性的两种形式。相较于邦德可以视需要打破板墙直线前进，嫌犯则透过在建筑物中找到新的可能性移动：跳上墙壁、越过窗户。邦德创造与摧毁空间，疑犯则与既有的空间合作，与空间协商出新的可能。[52] 城市中人与猫的互动模式，其实非常类似于邦德与疑犯的追逐，我们任意地打破墙壁、拆除大楼，而街猫只能在这个不断改变的地景中，寻找在夹缝中跳跃穿梭的路径。如果说人的移动性代表了对空间的支配，街猫在其中试图打开一个生存空间的努力，何尝不是一种透过移动性体现的抵抗与打破既有都市秩序和空间形构的实践？

只是，人的空间支配时常蛮横，"都市不断变更的社区地景……快速更迭兴起的建筑物如猛兽，不论街猫再如何熟悉繁复的家园，那横越常充满危险和惊悚，随时会被吞噬"[53]。随着辛亥路108巷改建，他观察的几只街猫也逐一消失，城市动物的生活节奏，因人类对其生存环境的介入与干扰而失效，甚或其存活亦受影响。福州猫如此，即使是在校园内生活条件相对安全的虎地猫，大楼修建时的油漆和噪音，也让整个族群的互动方式与生活范围发生改变。透过这些猫的命运，刘克襄体会到："我现在面对的这些虎地的猫，是在非常都市的环境里被挤压到这个空间。面对它们，其实面对的也是一个都市的复杂问题，还有人本身的存在意义。"[54] 我们是否可能将城市动物移动的节奏纳入同步协调的一部分，这是刘克襄透过自身身体的移动所揭露出的多层次双重对位观点：城市／乡村、香港／台湾、人／猫、虎地／福州……带给读者最重要的反思。

形成城市风景的可能？

另一方面，前述刘克襄在完成《虎地猫》一书后，试图将香港经验带回台湾的努力，亦值得注意。当寻访猫地图逐渐成为某种无国界的旅游主题，猫被视为重要的观光元素时，诸如猴硐等地的人猫关系该如何维系？这就是每个以猫为名之地需要回应的课题，而他山之石的经验与视角，正足以作为重要的参考指标。

台湾近年来有不少城镇致力于开发人与街猫新的共存关系，包括淡水一群猫志工推广的"淡水有猫"计划，以成立社团、发行月历等方式，希望让猫成为淡水街景的一部分，而非"污染市容"的弃物[55]；近几年各地也纷纷出现新的"猫景点"，如台南安南区天后宫附近的"猫村"[56]、基隆许梓桑古厝附近的"猫巷"等。[57] 在这类例子中，几年前"猫夫人"简佩玲透过摄影等方式，将猴硐的旧社区塑造成台湾最知名的猫村，2009年新北市正式将其列为观光景点，带来观光人潮之余，当地动物的健康状态也逐渐受到质疑，遂成为最具代表性也最具争议性的例子。

刘克襄曾以《最近的猫村有隐忧》一文，提出他对猴硐猫村的观察，由于当时所见的数只猫看起来健康状况都不佳，且他三四年前认识的猫也未再邂逅，可见汰换率颇高。于是他提醒读者："网络上拍摄猫村的相关照片，总是捕捉得住街猫各种意想不到的可爱和美丽。这些惹人怜爱的图像，加上文字描述，常是无形的宣传工具。猫村因而被想象为街猫的天堂，但真实的情形如此吗？恐怕未必。"在商业化与观光化的发展逻辑下，尽管确实也有用心照顾猫咪，负担起结扎、医疗与日常照料的店家，但部分商家贩售劣质饲料，游客购买后胡乱喂食，往往造成环境污染与猫咪的健康问题，民众任意弃养的状况更是始终未能解决的隐忧。[58]观光化带来的种种负面效应与批评，让猫夫人及其"三一九爱猫协会"于2014年退出猫村，改以"猴硐猫友社"的名义进行志工活动，除此之外，当地也有独立志工关注街猫的健康与医疗问题。但整体而言，由于居民、商家、志工、游客之间，无论是理念、价值观与对待猫的方式皆有分歧，因此尽管在部分观光客的眼中，猫村可能是一个令人羡慕的猫天堂，尤其相较于其他对动物更不友善的环境，已经足以被视为"成功案例"而令人羡慕不已了[59]，但如何在小镇历史与新打造的观光特色之间，找出兼容且兼顾动物福利的方向，仍是猴硐与其他所有想要开发动物景点的地方必须深思的问题。[60]

此外，当游客来到猴硐，映入眼帘的种种硬件设施如猫咪主题厕所、猫咪雕像、猫咪彩绘和猫咪商品等周边，固然令人眼前一亮，但是若干商家贩售的逗猫棒等玩具，无疑让街猫某程度上成了为游客助兴的"展演动物"，这其实才是观光化的猫咪景点最令人忧心之处。如果所谓人与动物共生的社区环境，只是成为另类的野生动物主题公园，可以让民众"近距离观察"与"交互式接触"，那么这些动物的存在，仍然只会是人的"玩物"。这其实也是现在越来越流行的、以猫为店家特色的各式"猫咖啡"背后的隐忧所在。[61]

或许有人会认为，若连使用逗猫棒和猫互动都要谴责，是否太过吹毛求疵或道德洁癖？更何况在这些互动当中，必然也有许多善意的、让人猫都感受到愉悦的相处。本书一再强调的，亦是不该将任何状况以单一简化的标签来理解，因此，我们固然不能排除其中正面的互动经验，但是当店家将猫粮、猫玩具作为观光的周边商品时，无可否认的是，这与游客去动物园参观"喂食秀"，购买粮草、饲料，甚至动物活体来喂饲猛兽，核心态度并没有太大不同。这样的互动逻辑是否得以被视为动物友善空间？想必不会有一致的答案。

克里斯·菲洛（Chris Philo）与克里斯·威柏特（Chris Wibert）就曾经指出，未被驯养的猫科动物这类"越界的自然"，只有在已经被当成"厨余"（left-over）般的空间，例如野草丛生的仓库区或是荒废的工业用地，才有容身之所；否则除非它们本身可以成为城市一景，才能见容于城市。例如城市中的店猫，就因其"具装饰性又像宠物（只要不要有人试图去触摸它们）"的特性而被接纳；但如果是居于上述两者之间的情况，即既不是远离城市人群之地，动物本身又不能成为都市景观，它们的存在所引起的反应就可能颇为两极化：既可能成为当地居民人际关系的黏合剂，也可能被视为与文明秩序格格不入而惹人讨厌。[62]猴硐的街猫虽然被打造成宛如都市景观的一环，但由于它们的生活模式基本上仍然介于"具装饰性又像宠物"的店猫与自由放养的野生动物之间，其地方形象总在猫天堂与猫地狱之间摆荡，或许也就不令人意外了。

徘徊在文明与自然间的猫影

猫是如此迷人，因此关于猫的故事和文学，似乎总没有介绍完的时刻。海明威（Ernest Hemingway）短篇小说《雨中的猫》（*Cat in the Rain*）里面那位坚持着"我要一只猫。我现在就要一只猫。如果我现在没办法拥有长发，也没有其他乐子，那我至少要有只猫"[63]的女主角，或许最能说明猫为何对很多人而言，是如此具有疗愈作用，得以滋润生活的对象。在她的想象中，这只猫会"坐在我的大腿上，然后我摸她的时候，她就会满足地呜呜叫"，或许正是这满足的呼噜声，改变了猫与人的互动史。

　　不过，猫在当代城市的处境，并不因为它们掳获许多人心就得以平稳顺遂。相反，层出不穷的虐猫案件[64]，说明了都市丛林对动物而言，从来都是危机重重、高风险的生活场域。另一方面，许多问题仍然无解：文明城市容得下或应该继续容许猫的野性吗？观光化的动物景点就能带来人与动物的和平共存吗？猫的身影似乎就这样徘徊在文明与自然之间，找不到一个被众人认可的安身之所。但是，它们的存在也再次提醒了我们，重新调整丈量文明与自然的那把尺。朱天文说得好：

　　　　所谓文明，在以前是带给人类便利，在今天，文明，应该是不便利。或者应该这么说，我愿意为了保护 X，而放弃一些 Y。X 和 Y，可以是任何东西。例如，我愿意为了保护环境，而垃圾分类（真不方便）垃圾付费。……我愿意为了不让猫跑进停车场引来人族的纠纷、斗争、而竟至于杀戮，那么包括憎猫者在内起码都应该，付出一点点的不便利把进出停车场的楼梯门随手关上，或起码找块帆布把车子盖上。……愿意，为你。把你代换成 X，成任何我们努力想要护守的珍物，这是我认为的文明。[65]

　　愿意为想要护守的珍物付出各种不便利，付出各种放弃的代价，我们就不会坚持一定要在猴硐喂猫、玩逗猫棒；不会认为动物要带给我们娱乐才值得珍惜。那么，我们和动物的关系，或许才能更趋近于爱，而不是以爱为名的利用与伤害。

相关影片

○《猫侍》，渡边武、山口义高导演，北村一辉、平田薰、莲佛美沙子、浅利阳介、户次重幸主演，2013。

○《为什么猫都叫不来》，野尻喜昭导演，风间俊介、鹤野刚士、松冈茉优主演，2015。

○《假如猫从世界上消失了》，永井聪导演，佐藤健、宫崎葵主演，2016。

○《流浪猫鲍勃》，罗杰·斯波蒂斯伍德，卢克·崔德威、猫鲍勃主演，2016。

○《猫咪后院之家》，藏方政俊导演，伊藤淳史、忽那汐里主演，2017。

○《爱猫之城》，杰达·托伦导演，2017。

关于这个议题，你可以阅读下列书籍

○艾比盖尔·塔克（Abigail Tucker）著，闻若婷译：《人类"吸猫"小史》。北京：中信出版社，2018。

○多丽丝·莱辛（Doris Lessing）著，彭倩文译：《猫语录》。台北：时报出版，2002。

○多丽丝·莱辛（Doris Lessing）著，彭倩文译：《特别的猫》。杭州：浙江文艺出版社，2008。

○爱伦·坡（Edgar Allan Poe）著，曹明伦译：《黑猫》，《爱伦·坡暗黑故事全集（上册）》。长沙：湖南文艺出版社，2013。

○海明威（Ernest Hemingway）著，汤永宽等译：《雨中的猫》，《乞力马扎罗的雪：海明威短篇小说选》。上海：上海译文出版社，2006。

○戴特勒夫·布鲁姆（Detlef Bluhm）著，张志成译：《猫的足迹——猫如何走入人类的历史？》。台北：左岸文化，2006。

○马歇尔·埃梅（Marcel Aymé）著，邱瑞銮译：《猫咪躲高高》。台北：猫头鹰出版，2014。

○井出洋一郎著，金晶译：《名画里的猫》。北京：中信出版社，2018。

○谷崎润一郎著，赖明珠译：《猫与庄造与两个女人》。上海：上海译文出版社，2015。

○李龙汉著，陈品芳译：《再见小猫，谢谢你：一年半的街猫日记，交到猫朋友真好》。台北：大田出版，2012。

○深谷薰（Fukaya Kahoru）著，丁世佳译：《夜巡猫》。台北：大块文化，2018。

○村上春树（Haruki Murakami）著，陈文娟译，安西水丸（Anzai Mizumaru）绘：《毛茸茸》。北京：新星出版社，2016 年。

○村松友视（Muramatsu Tomomi）著，王淑仪译：《野猫阿健》。台北：时报出版，2018。

○心岱：《猫派：美学、疗愈、哲理的猫物收藏志》。台北：远流出版，2017。

○安石榴：《衣柜里的猫》，《喂松鼠的日子》。台北：二鱼文化，2013。

○朱天心：《猎人们》。北京：新星出版社，2012。

○朱天心：《猫志工天文》，《镜周刊》，2017/07/18。

○朱天文：《我的街猫邻居／带猫渡红海（上）》，《联副电子报》，2013/11/19。

○朱天文：《我的街猫邻居／带猫渡红海（下）》，《联副电子报》，2013/11/20。

○张婉雯：《那些猫们》，《字花》第 66—67 期。

○黄凡：《猫之猜想》，《猫之猜想》。台北：联合文学，2005。

○叶子：《猫中途公寓三之一号》。台北：印刻出版，2013。

○叶汉华：《街猫》。香港：生活·读书·新知三联书店，2014。

○刘克襄：《虎地猫》。台北：远流出版，2016。

○谢晓虹：《黑猫城市》，《好黑》。台北：宝瓶文化，2005。

○钟怡雯：《麻雀树》。台北：九歌出版，2014。

○隐匿：《河猫——有河 book 街猫记录》。台北：有河文化，2015。

○韩丽珠：《哑穴》，《双城辞典 1》。台北：联经出版，2012。

5 经济动物 篇

猪狗大不同

素食 / 肉食，是饮食选择题或道德是非题？

以刘易斯·卡罗尔（Lewis Carroll）[1]《爱丽丝幻游奇境与镜中奇缘》（*Alice's Adventures in Wonderland*）这部经典作品，作为思考经济动物议题的起点，似乎是个会令人有些困惑的选择，毕竟一直以来被视为童书的《爱丽丝》，乍看之下和动物伦理应该没有太多连结的可能性，但事实并不然。一直以来，其中的人与动物关系，始终是若干文学评论者关注的焦点所在。《爱丽丝》的成书年代，正好是达尔文的进化论在19世纪投下震撼弹之时，由书中出现已绝迹的渡渡鸟（Dodo），以及插画中猴子在聚会里也轧了一角等线索，就可发现部分学者认为此书受到进化论的影响，并非毫无根据的臆测。[1]

因此，在展开本章的讨论之前，不妨先让我们看一段《爱丽丝幻游奇境与镜中奇缘》最后那场盛大的宴会，红棋王后与爱丽丝进行的对话：

1　台湾地区译名为路易斯·卡若尔。

"你看来有点害羞，帮你介绍一下那条羊腿吧。爱丽丝——羊腿，羊腿——爱丽丝。"只见羊腿从盘子里站起来，向爱丽丝微微一鞠躬，爱丽丝也鞠躬答礼，心里却不知道该害怕还是好笑。

她拿起刀叉，对左右两位王后说："我可以帮你们切一片肉吗？"

红棋王后斩钉截铁地说："当然不可以，切割刚刚介绍给你的朋友，是不合礼仪的。来人啊，撤下羊腿！"侍者撤走羊腿，换上一大盘葡萄干布丁。

爱丽丝连忙说："拜托，不必介绍布丁和我认识，不然我们什么都吃不到了。我可以分一点布丁给你们吗？"[2]

故事的后续发展不难想象——爱丽丝再次被介绍给布丁认识，于是布丁又被撤走了。爱丽丝鼓起勇气要侍者把布丁端回来；切下一片布丁之后，却被布丁斥责："如果我从你身上切下一片，你会高兴吗？"[3]虽然在此段中，卡罗尔是以 cut 既有"切割"又有"故意冷落或装作没看到"

的双关义作为趣味所在，但爱丽丝不想认识布丁和羊腿的心情，对多数人来说恐怕并不陌生，因为面对食物，其实我们往往不想知道太多有关它们出现在盘中之前的事，但这些"食物"原本的样貌，是谈论经济动物最困难也最核心的关键。

要讨论经济动物议题，免不了就得碰触到一个令人不安的事实，那就是，我们所吃的食物，都是来自活生生的生命。而它们抵达我们餐桌的这段旅程，充满了各种让人不想凝视的真相。尽管大多时候，人类身为杂食者的事实可以让多数人理直气壮地面对食肉的各种争议，如果我们将杂食视为必然，素食／肉食的差异，理应是个人自由意志下的选择，也无所谓道德与否。然而，素食这个选择本身，仿佛已隐然带着某种道德（谴责）的意味——尽管素食者并不见得有谴责肉食的意图，素食的理由更未必与动物伦理的考量有关，但餐桌上的素食者，对于一场务求宾主尽欢的宴席而言，似乎总带点扫兴的感觉。

J. M. 库切在小说《伊丽莎白·科斯特洛》中，就曾透过女主角科斯特洛在餐桌上的对答，生动地展现出动保人士对宴会气氛带来的"杀伤力"。在科斯特洛进行完一场冗长与充满思辨的动保演讲后，筵席间，有人客气地询问："科斯特洛女士，你的素食主张是出于道德信念吗？"她回答："不，我不是这么想，这只是出于想拯救自我灵魂的希求。"于是"四周一片死寂"[4]。众人的窘迫生动地呈现出动保人士的格格不入，尤其当有人努力化解尴尬，表示素食主义是他所尊重的生活方式时，科斯特洛却毫不领情地回答："我脚穿皮鞋，手拿皮包，假如我是你，我就不大会尊重素食主义。"[5]有趣的是，这段对话是否听起来似曾相识？因为它正是我们面对动物议题时最常听到的某种论证循环。若某件事情被批评为残酷，"吃牛羊猪鸡难道不残酷吗"几乎是必备的标准问答例句；然而一旦倡议者本身也是素食者，"你还不是穿皮鞋、拿皮包"多半是接下来会发生的质疑；若这位素食者恰好还是个在生活中也实践纯素主义的人，那么"植物难道不是生命吗"就会成为另一个辩论的套装组合。

这不免让人疑惑，何以一谈到肉食，人的防卫机制似乎就特别容易启动？相较其他动物议题，经济动物几乎是最难被理性讨论的。如果"人天生就是杂食者"是一个这么完美的答案，肉食议题理应不会触动那么多敏感的神经，引发那么多反弹的情绪，卡罗·亚当斯（Carol J. Adams）甚至写过一本名为《素食者生存游戏》（*Living Among Meat Eaters*）的书，其中描述了各种素食者与肉食者的"攻防"经验：有些肉食者会不断说服素食者"一点点肉没关系"；如果素食者疲倦或生病，别人会直接归因为吃素导致营养不良……背后隐含着的潜台词，其实都是基于肉食者把素食当成一种对他们的批评。于是一位素食者无奈地表示："我花在辩护自己饮食习惯上的时间，比花在吃饭上多一倍。"[6]

但是，谈论经济动物议题必然等同于辩论人是否应该吃素吗？并不尽然。如果将素食与肉食视为对立的两端，误以为经济动物议题就只是鼓励民众吃素，就会很容易落入前述的论辩循环中而让讨论失焦。要真实理解从"产地"到餐桌之间，发生在经济动物身上的遭遇，并且认真看待改变的可能，我们或许必须先放下素食与肉食二选一的道德是非题，反身审视经济动物的处境如何与为何触动我们不安的感受，唯有放下防卫心理之后，许多被视为理所当然或"必要之恶"的对待方式，才有可能重新被检视与松动。其实，素食被视为具有谴责意味，与肉食带来的不安／罪恶感乃是一体两面，因此，本章将先由肉食何以会引发不安进行讨论；进而论述为了避免不安，我们如何在象征体系与日常生活中，用各种方式回避肉食真相；以及经济动物的处境与改变是否可能。

我们何以不安？

2017 年 4 月间，香港一个颇受欢迎的饮食节目《阿妈教落食平 D》，在播出之后接获了若干观众的抗议，原因是两位节目主持在挑选冰鲜的猪肉食材时，在冰柜里拿起了两只完整的、用保鲜膜包妥的冰鲜乳猪，乳猪的眼耳口鼻在镜头前面显得相当清晰。批评的理由多半是认为这一幕"残忍、恶心及令人不安"，也有民众指出，"吃就吃，不要拿着它来挥舞"[7]。这则新闻虽然并未引起太多后续讨论与关注，却相当值得注意。事实上，对于已经成为冷冻鲜肉的乳猪来说，是否被拿着挥舞，并无"残忍"与否的顾虑可言，但这个挥舞冰鲜乳猪的画面竟然会被抗议太过残忍，若只将观众的反应简化为"伪善"或"道德不一致"——毕竟他们抗议的是"不要让我看到镜头前挥舞的乳猪"而非吃乳猪或杀乳猪——就会忽略了这其实是一个很典型的"爱丽丝式"反应：拜托别让我认识那只羊腿／乳猪。对于食物，我们只想吃，但不想看见。

羊腿会敬礼、乳猪被挥舞这样的画面之所以让人感到不太舒服，无非是因为它们看起来太像活的了。而肉食信念体系最核心的运作方式之一，就是"隐匿"。隐匿又可以分为象征上的隐匿和实质上的隐匿，前者是透过各种名称上的回避；后者则是将实质的暴力隐藏在看不见的角落，让真相隐而不显。[8]问题是，真相的线索仍不时在生活中浮现，提醒我们肉食背后的生命处境，当国王的新衣被拆穿，饮食与死亡之间的连结将逼人选择回应的方式，是凝视深渊还是继续建造更高的城墙避免看见？不同的选择，其实凸显了吃动物这件事背后，饮食、动物、环境与人之间错综复杂的关系。我们不想看到食物是生命的反应，会不会连结着更深沉的，关于不想记起、不想被提醒人与动物相似性的理由？罗尔德·达尔（Roald Dahl）带着黑色讽刺意味的短篇小说《猪》（*Pig*），就以嘲讽的方式让我们看到前述象征的隐匿与实质的隐匿。宠物和食物的关系、我们对待食物的方式，以及更核心的，关于"人"是什么的探问，就在这重重的隐匿之中若隐若现。

在《猪》这篇小说中，父母双亡的男孩雷辛顿在茹素的姑婆照料下，天真无邪又与世隔绝地成长。姑婆去世之后，他的财产几乎被律师骗光，但对此毫无所悉的雷辛顿，对纽约这个陌生又充满新鲜事物的世界充满了好奇。到了餐馆，他要求来一份日常熟悉的食物高丽菜卷，侍者不耐烦地表示所有的餐点只剩下 pork（猪肉），雷辛顿因此吃下了此生第一口荤食，并且对这新奇的食物口感惊为天人。他再次唤来侍者想知道这了不起的世间美味究竟是什么做的，之后两人进行的对话充分展现了肉食如何透过语言的象征体系产生隐匿效果：

"我已经跟你说过了，"他说。"这是猪肉（pork）。"

"猪肉到底是什么？"

"你从来没吃过烤猪肉吗？"服务生瞪大眼睛问他。

"看在老天的份上，老兄，赶快告诉我这是什么东西，不要再吊我的胃口了。"

"是猪（pig），"服务生说。"你只要把它塞进烤箱里就好了。"

"猪！"

"所有猪肉都是从猪身上来的，你不知道吗？"

　　"你的意思是，这是猪的肉吗？" [9]

　　在中文的语境中，可能较难体会雷辛顿受到的冲击，那是因为我们的语言并未将"猪"的概念与"猪肉"分离，而在英文中猪肉和牛肉的语汇之所以与猪和牛有那么大的差别，最初的目的倒也并不是为了制造"这食物并非来自猪和牛"的假象。事实上，pork 和 beef 是来自当时领主阶级使用的法语（过去只有诺曼国王才能经常吃到肉），这样的语汇被沿用下来，直到今日，猪肉和牛肉仍用法语来表达，猪和牛则使用盎格鲁-撒克逊用语。[10]但是，透过语言的象征体系让人对食物／动物产生疏离感，始终是肉食系统中很常见的运作模式，我们使用什么样的语言去指称动物，多少反映出动物在我们道德量尺上的坐标，因此，这也是许多动物权利倡议者在讨论动物议题时关注的焦点之一。

　　彼得·辛格在被誉为动物伦理经典之作的《动物解放》中，就曾提醒过，当我们选择以"火腿"一词代替"猪的腿"时，用词本身就已经是在掩盖事实。[11]哈尔·贺札格（Hal Herzog）对于语言如何影响道德距离，则有更深入的析论。他主张，语言可以帮助我们创造对现实的看法，例如在菜单上不受青睐的"巴塔哥尼亚齿鱼"（Patagonian toothfish），在重新命名为"智利圆鳕"（Chilean sea bass）后，听起来就变得比较可口。这说明了何以某些动物权利团体选择将创造新词作为某种行动策略：例如"善待动物组织"（PETA）就曾用"救救海底小猫"（Save the sea kittens）作为反钓活动的口号。《动物平等：语言和解放》（*Animal Equality: Language and Liberation*）一书的作者乔安·杜那耶（Joan Dunayer）更建议采用"水牢"代替"水族箱"，或用"虐牛者"代替"牛仔"，来强调人对动物的剥削。[12]

当然，上述这些"必也正名乎"的呼吁，或许会被视为偏激动保人士的小题大做，对于动物处境能产生的实质改变恐怕也相当有限，但提高对语汇的敏感度，绝对是重新反省人与动物关系的起点之一。如果我们总是习于用"猪队友""疯狗""禽兽""神猪"来作为贬低他人的语汇，当动物总是在语言的象征体系中，作为轻浮、嘲讽、贬抑与偏见的表现时，不难想象它们在真实世界中的遭遇恐怕也很难被认真看待。[13] 由此可以发现，一般人虽然不见得那么清楚地意识到语言可作为度量道德距离的量尺，但我们早已透过日常语言的实践，展现出自己看待动物的眼光。这是何以多数人会认为替经济动物或实验动物取名字，是非常不智或怪诞的行为。因为一旦有了名字，量尺上的距离就拉近了，然而诚如贺札格所言，取名是要付出代价的，那是"把'他们'转换成'我们'的道德成本"[14]。当经济动物有了名字，与本书第三章中所述《生殇相》类似的状况就会浮现——被模糊化、集体化与工具化的它们，轮廓变得清晰起来，甚至拥有自己独特的性格与情感。此时取名就可能成为难以承受之重，因为对于它们接下来无法逆转的遭遇与命运，我们会更容易产生罪恶与不安的情绪。

荒川弘以北海道农业学校及农家生活为主题的漫画《银之匙》中，主角八轩想帮自己照顾的小猪取名时，同学们就纷纷提醒："这些小猪以后一定会变成肉，现在取名字产生了感情，以后会很痛苦喔。""如果还是要取名，那就把它取名为'猪丼'吧。""这样就能客观地养了。"[15] 对于注定变成食物的生命而言，对它们投资情感是需要道德成本的，如果一定要投资的话，那至少用一个可以时时提示其未来命运的"客观"方式来命名，这是《银之匙》中的逻辑和看待作为商品的经济动物的态度。或许不见得每个人都能接受此种和经济动物建立关系的方式，但是将盘中的猪丼与提供猪丼料理的猪连结起来，却会是改变经济动物福利的重要起点，因为我们越想回避不安，经济动物就越可能面临前述"实质上的隐匿"，被抛掷在不能见光的繁殖场与屠宰场中，为了人们食用时的美味口感或迷思，度过悲惨的一生。

被定义为商品的生命

如何才能让猪与猪肉之间的连结被建立起来呢？前述的短篇小说《猪》，其实有着饶富意味的后续发展。雷辛顿在初尝肉食滋味后，要求知道这美味是如何料理出来的，厨师告诉他："一开始，你得有块上好的肉才行。"于是雷辛顿直奔肉品工厂。在导览的过程中，惊慌的猪在被铁链倒挂时不断挣扎：

> "真是令人着迷的过程啊，"雷辛顿说。"可是它往上的时候，发出了一种有趣的喀啦声，那是什么啊？"
>
> "可能是大腿吧，"导览员说。"不是大腿就是骨盆。"
>
> "不过，这样不要紧吗？"
>
> "这怎么会有什么要紧的呢？"导览员问。"你又不吃骨头。"[16]

此处的"不要紧"，是幽默手法中最常见的"概念的移转"，雷辛顿问的是"猪（生命）受伤不要紧吗"，但导览员却认为雷辛顿问的是"猪肉（商品）损毁不要紧吗"。导览员的不以为意，正反映了工业化农业商品逻辑下的普遍心态。当生命被定义为密集生产线下的商品，它们连要得到符合基本动物福利的待遇都相当困难。要改变这样的局面，就必须让它们从隐匿之处曝光，因此，一直以来始终不乏艺术家或创作者，致力于揭露这些"不愿面对的真相"。

英国艺术家苏·柯伊（Sue Coe），就曾以一系列的画作表达屠宰场中的动物处境，并出版为《死肉》（*Dead Meat*）一书揭露屠宰场的面貌，在她的作品中，彩绘着可爱农场动物的围墙内部，是一幕幕令人不忍卒睹的画面。柯伊表示，她企图借此思考"为什么会以这种方式屠杀动物？还有更重要的，为什么这种现象被忽略，被当成常态"[17]？"常态"二字并非夸大，若综观所有以工业化农场为主题的作品，会发现内容往往有着惊人的相似性。

最早揭开屠宰场内骇人景观的作品，应推 1906 年厄普顿·辛克莱（Upton Sinclair）《屠场》（*The Jungle*）[1] 一书，虽然辛克莱的动机主要是唤起大众对于屠宰厂内工人处境的正视，但员工的困境与动物的困境其实是一体两面的，小说中如此描绘屠宰场内的状况：

> 人们用电击棒把牛只从那条走道赶进来。……等牛儿站在里面吼叫跟跳动时，畜栏上头会有位拿大铁锤的"敲头工"，找机会把锤子砸下去。……动物一倒下，畜栏的侧面就会抬起来，然后仍在踢脚挣扎的牛便会滑进"屠床"。……工人们活动的方式教人看了毕生难忘；他们发了狂似的拼命干活，真的像在全力狂奔一样，此种步调只有美式足球赛才能相提并论。这是高度专业化的分工，人人各司其职，一个人通常只需切下

1　台湾地区译名为《魔鬼的丛林》。

特定的两三刀，然后在接下来的十五或二十条屠宰线，对面前的牛重复同样的动作。[18]

　　由于小说中那血淋淋又污秽可怖的屠宰场景如此写实，出版后迅速唤起了读者们对黑心食品的恐慌，虽然辛克莱本人略感无奈地抱怨："我想触动民众的心，结果一不小心触到了他们的胃。"但此书的影响力是直接而深远的，美国《肉品监督法案》就是本书催生出的产物。[19]

　　更惊人的事实可能是，在《屠场》出版已逾百年的此刻，该书中的若干场景非但不是历史陈迹，相反地，它们仍是世界各地屠宰场中的某种"日常"。乔纳森·萨弗兰·弗尔（Jonathan Safran Foer）[1]在《吃动物》（Eating Animals）一书中，就列举了若干非营利组织暗中搜证时拍摄的影片，包括养猪场员工如何每天殴打凌虐猪只，并在其意识清楚的情况下，锯断它们的腿、剥除它们身上的皮。他还引用了盖尔·艾斯尼兹（Goil A. Eisnitz）历时超过十年、访谈时数超过两百万小时的著作《屠宰场》（Slaughterhouse）中的若干内容："这真的很难启齿，但身处压力之下，不得不照办，听上去的确很残忍，我拿起电击棒戳进牛的眼睛里，久久才把电击棒抽出。"[20]悲哀的是，这些骇人听闻的"内幕"并不都是动保人士暗中卧底才搜集得到，如果有心进入屠宰场的彩绘围墙内一探究竟，你仍然可能在世界各地的农场遇到那觉得一切都没关系的"雷辛顿的导览员"。索尼娅·法乐琪（Sonia Faruqi）足迹遍及印尼到墨西哥各地的《农场》（Project Animal Farm）[2]一书中，就不

1　台湾地区译名为强纳森·萨法兰·佛耳。

2　台湾地区译名为索妮亚·法乐琪：《伤心农场》。

时可以看到这样的例子。蛋鸡场的农夫布瑞克一面轻松地捡拾笼架间的死鸡，一面解释蛋鸡的几大死因，包括：因为无聊所以把头伸出笼外不慎卡住而吊死、工作人员把鸡放进笼子时太快放手造成翅膀或腿折断，以及生了太多蛋之后内脏外露并被其他蛋鸡啄食。愉快的语调"仿佛我们正漫步在苹果园里"[21]。

然而，语调的轻快与无所谓，并不代表这些人内心邪恶或异于常人地残酷，相反地，这是因为在考量成本与效益的前提下，动物的感受被隐匿了，人的感受能力也就在这样的隐匿中隐匿。在商品化的逻辑中，"生命被重新定义成'蛋白质制造机'"，"痛苦"则被改写为"压力"，因此无论断喙或断尾，都被解释成减轻压力的方案。[22]在这样的状况下，小公鸡一出生就被碾碎、蛋鸡因为了避免它们自残或互啄而断喙、母猪被囚禁在无法翻身的狭笼、为了保持小牛肉质鲜嫩而刻意使其贫血[23]，以及为了提高贩售时的重量，在送去屠宰前强行灌水甚至灌泥浆的惨况[24]……这些处境都被视为某种必然，也就不令人意外了。

值得注意的是，法乐琪在参观完加拿大的黑水屠宰场并经历巨大的冲击与惊吓之后，有了如下的感悟：

在黑水屠宰场，我触及某种内在的极限。当我摇摇摆摆地站在通往屠宰区的门边，便知道心底有些东西将再也不一样了……我也感觉与家人、朋友之间疏远了。我觉得他们或有意或无心地活在虚假的面纱之下，更认为这个社会本身就躲在偌大的托辞背后过日子。工业化农业的现实距离大多数人的日常生活如此遥远，根本就像是发生在另一个时空的事。[25]

隐匿也好、制造道德距离也好，或此处所用的"托辞"也好，其实都殊途同归地指向同一件事，那就是工业化农场与我们的生活如此疏远，以致我们可以轻易地对背后蕴藏的巨大苦痛视而不见。该如何才能从这样的距离当中解脱出来，把"他们"转换成"我们"？李欣伦的散文作品《此身》，提醒我们意识到动物的"身体"，或许能够成为将这段餐盘前的断裂路程连结起来的起点之一。

如何将尸体"还原"为身体？

如果我们总是选择回避"看见"，不断透过把动物当成物体和商品的各种方式将真相隐匿，就很难期待人们会认真看待改变经济动物生命处境的重要性，因为对于物品，是不可能有道德考量出现的。李欣伦《此身》书中《他们的身体在路上》[26]一文，透过不断将我们的身体与他们的身体对比：我的自由的身体，相对他的被囚禁的身体；我的活泼的生命，相对他的干涸的躯体，让我们重新意识到在我与他之间，人与动物之间，处境是那么不同，但身体感受的能力未必是不一样的。在文中，她看着那一车车在路上的身体，即将成为尸体的身体，迈向不可逆的路途。以伤感的口吻写下如诗般的挽歌：

> 而这些孩子不会跳车，他们只是呼噜呼噜地挨擦着彼此，呼噜呼噜地被某种力量牵引着、推送着，往苦难的方向。好几次，我竟然临时改变路程，骑车一路跟随他们要去的地方，阳光照在我的身上，也照在他们身上，一视同仁，无所分别。那阳光，我始终觉得冷。……绿灯了，卡车继续往小径前行。闭

上眼，我掉下眼泪。……看哪，看哪，我流下眼泪，几乎要喊出来，看哪，看哪，他们的身体在路上，在路上。……在生的路上，在死的路上，流浪生死，生死流浪。[27]

这会是无效的哀伤吗？乍看之下是的，对于这不可逆的最后一段路，再多的感伤都是徒劳。但李欣伦提醒了我们，这段路的目的是让他们的身体"成为众人的身体"[28]，他们就是我们，他们即将进入我们的身体之中，那么，为何我们不能多看他们一眼，并试着去理解他们身上已然发生、正在发生与即将发生的事？

那在路上颠簸着、饿着、冻着或热着的身体，就算是即将被迫放弃身体的身体，仍然具有感受的能力，仍会试着"尽力将身体缩成一粒球茎"[29]，也会在恐惧时试着逃避即将降临的命运。那么，我们真能用"反正都是要杀来吃的，所以怎么对待他们都没关系"这样的理由来合理化一切吗？并不是每个人都能认同这看似理所当然的选择。

事实上，经济动物临终前"最后一里路"的对待方式，是考量经济动物福利时不可或缺的一环。除了运输途中没有水与食物的运载时间需进行规范，近年也有人道屠宰的例子，针对进入屠宰场时的曲槽走道等设施进行勘查，确保其中没有任何会惊吓到农场动物的细节。以推广人道屠宰知名的坦普尔·葛兰汀（Temple Grandin）[1]，就曾以她身为自闭患者的感受，同理动物与自闭患者之间在"看见细节"上的类似性。包括地上的阴影、摇晃的铁链、金属碰撞的声音、空气的嘶嘶声，都可能使动物受到惊吓而却步。[30]过去处理这些"不听话"动物的典型方式就

1　台湾地区译名为天宝·葛兰汀。

是拿出电击棒、殴打与吼叫，但如果能确实改善屠宰场中的细节环境，这些暴力行径根本是完全不必要的。

丹·巴柏《第三餐盘》中也有个看似相当"不切实际"的例子：结合农场、餐厅与教育中心的"石谷仓中心"里的蓝丘餐厅开幕时，某日家畜禽经理克雷格带了一只巴克夏猪（Berkshire Pig）到屠宰场，结果宰杀之后非常难吃。克雷格认为应该是因为这只猪"单独前往屠宰场的途中承受过大压力"，于是他采取了一种"迈向死亡的伙伴支持法"，让两只猪结伴同行，并且在运送的货车里放上充足的饲料以及放大的农场树林照，抵达之后宰杀其中一只，另一只则运回农场，隔周，上次那只被运回来的猪迈向自己的最后一程时，也有另一只同伴陪着它。采用这种方式之后，干涩的口感消失了，呈现出巴克夏猪该有的美味。[31]有些人或许会质疑，这是高价餐厅才可能出现的待遇，因为按照这样的成本计算，餐点的价格绝非一般人所能负担。这固然是事实的一部分，但类似的例子却在在证明了，就算为了美味与否的考量，"动物是如何死的"，"死前是否承受巨大的恐惧或压力"，也确实会对食物的质量产生影响。关于死亡的记忆，将残留在它们的身体之中。

然而，可以想象的是，当你在意动物的身体和生命，下一个两难的处境，就会重新回到那个无法回避的，关于吃动物本身就是动物利用的不安事实。换言之，本章所讨论的那些罪恶感、想要逃离与防卫的心理机制，必然会再次扰乱我们，"道德"背后隐含的指责意味仿佛又要进入前述的循环中：一切的道德都要推到吃素吗？不吃素的道德实践者就是伪善吗？朱利安·巴吉尼（Julian Baggini）《吃的美德》（*The Virtues of the Table*）这本书，就挑战了我们对于饮食道德的简化观点。他在书中以三份虚拟的英国菜单，让读者体会到道德选择的多元性与复杂性：

在一月的"自由放养鸡做成的鸡肉蘑菇派。红萝卜丝。大蒜泥。加了有机凝脂奶油的反转苹果派。食材全部来自英国本土，产地多半不超过二十五英里远"、三月的"ＭＳＣ（海洋管理委员会）永续认证的野生鲑鱼。公平贸易认证的有机豌豆。公平贸易认证的有机印度香米做的番红花炖饭。加了公平贸易认证的有机无花果和马斯卡朋起司的杏仁蛋糕"和九月的"剑鱼。烤奶油瓜。奶油韭葱。莓果奶酥。所有食材都来自英国本土及英国海域"这几个选择之中，哪个"最道德"呢？书中固然提供了一个相对较佳的选择[32]，但他的重点其实是借此强调被视为黄金三律的"当季、有机、在地"原则，有时彼此之间是会相互抵触、难以兼顾的。在各种道德价值之间，我们必须做出哪个更重要的优先决定。

换言之，所谓道德没有标准答案，并非以怠懒的"多元性"取代沟通，而是充分理解在现实生活中实践道德价值时，几乎不存在单一、绝对的标准，如同巴吉尼的提醒："道德立场本来就是介于全心相信和漠不关心的无止境探问。最重要的是有道德自觉，同时对我们采取的道德立场保持怀疑。"[33]保持怀疑，才有松动的弹性与让改变发生的缝隙，也才能避免落入本书第三章讨论狗肉议题时提到的道德多元主义或二元对立的迷思。因此，对于巴吉尼来说，他认为善待动物和吃动物的确可以是不矛盾的，而他选择的道德底线，是区隔痛苦和折磨（pain/suffering）的差别："所有具备基本中枢神经系统的动物都感觉得到痛苦，这一点毋庸置疑，甚至某些甲壳类动物也是。而折磨则是一段时间的痛苦，是累积加深的痛苦，需要某种程度的记忆。"[34]他认为某些动物例如虾可能无法体会自己受到折磨，但猪可以，因此显然我们不应在饲养过程中让猪受苦，而不是不该杀猪。[35]

但我们当然可以进一步质疑，难道无法累积对痛苦的记忆，痛苦就不重要吗？《看不见的森林》(*The Forest Unseen*)[1]的作者戴维·乔治·哈斯凯尔（David George Haskell），就以当年达尔文发现姬蜂寄生模式时的感叹，来思考此问题。由于姬蜂将卵产在毛毛虫身上，幼虫孵化后就会钻入毛毛虫体内，由内而外慢慢将它们吃掉。达尔文为此表示："我无法说服自己一个仁慈善良、无所不能的上帝会刻意创造这些姬蜂。"对他来说，这些姬蜂是自然中的"恶的诘难"(the problem of evil)。有些神学家指出毛毛虫没有灵魂，另一些神学家则主张："毛毛虫并没有感觉，就算有感觉，它们也没有意识，因此无法思考它们的痛苦，所以它们并没有真正在受苦。"但哈斯凯尔提醒我们："如果一个能够思考未来的心灵感觉到痛苦，这样的痛苦会比较难以承受吗？或者我们应该问：如果动物没有意识，而痛苦是它们唯一的感受，这不是更糟糕吗？"[36]对哈斯凯尔而言，若生命只能感受到痛苦，是更加不堪的，因此，在这样的伦理标准下，就算动物无法意识到痛苦，我们也有责任尽可能减轻它们的痛苦。

另一方面，由上述的例子我们同样可以发现，无论基于动物会感受到痛苦、不应让动物承受折磨，甚至纯粹想减轻动物死前的压力，这些不同的道德底线还是指向了相同的方向，那就是，我们永远可以从看似理所当然的日常中，找到改变现状的理由。

持续不断地试着接近"饮食伦理"

沃伦·贝拉史柯（Warren Belasco）在《食物》(*Food*)这本书中，

---

1 台湾地区译名为大卫·乔治·哈思克：《森林秘境》。

曾提出过一个相当简要的模型，说明食物选择的三个面向：认同（社会与个人）、便利（价格、技能以及可取得性）、责任感（对我们吃什么会有何后果的觉察），我们的每一餐，都是在这三个因素相互竞争与复杂协商影响下的结果。[37] 只是过去我们的眼光更常放在饮食如何联系情感、延续文化，以及如何以更快速、便利、平价的方式进行消费，毕竟这两个部分，都比责任更能带来食物的正面、愉悦的能量。但今时今日，或许到了应将更多注意力投注在饮食伦理的时刻了，因为那些我们熟悉的饮食与生活方式，已让环境遭受了几乎无法逆转的变化。

当气候异变与资源匮乏将成为新的日常，天空、土地、海洋以及置身其中的所有生物，都在释放着同样的讯息，那就是，生态环境是一个整体，饮食是一个系统与循环，我们的任何作为都将为环境带来影响并且需要付出代价。更重要的是，每一个选择都可能在意想不到之处发生连锁效应，《第三餐盘》中就举出一个值得深思的例子：有些厨师有感于混获（误捕）现象的严重性（平均每一千公斤的渔获中约有四百公斤是被舍弃的），因此精心烹调这些原本将会被舍弃、卖相不佳的食材，却也非常吊诡地创出新的需求，让原本误捕的鱼类成为大家争相食用的对象，这等于同步启动了这些鱼数量下降的开关，最后他们所推销的鱼类数量因此骤减。最初期待透过推广替代性海鲜来维系海洋永续的目的，最后是否反而因此危害了这些替代性海鲜的未来？[38] 这是丹·巴柏抛出的、在真实世界中发生过的道德两难情境。类似的难题还有各种各样的变化，当前述那些价值与条件相互冲突时，它们就会不断地挑战我们的思想与行为。

思考经济动物的议题，从来不会是轻松的事，尤其当我们越是努力想要寻求道德上的理想，就越可能给过去熟悉的信念系统与认知模式带来新的冲击。许多以"人道经济"出发的思维，乍听之下更可能像是科幻小说中的狂想——例如只要在猪或牛身上抽取针挑般的肌肉细胞，就可以在实验室中"养"出肉来。[39] 这些产品如果让我们感到抗拒，究竟是因为它们"不自然"（但工业化农场中饲养动物的方式并没有"更自然"），还是因为我们所习惯的旧世界被颠覆了？而类似"实验室生成肉品"这样的产物毫无疑问地，也会在未来持续冲撞我们的道德观。但是无论如何，不要选择别过头去。如同巴吉尼在《吃的美德》中指出的，试着以欣赏的眼光看待饮食伦理的模糊地带和复杂程度，将会发现自己对知识的认知有多禁不起考验。很多事不是二选一，毕竟，"真理暧昧不清，我们只能尽可能贴近它"[40]。道德没有绝对真理，我们只能持续不断地，试着往比较好的方向迈进。

相关影片

○《小猪宝贝》，克里斯·努安导演，詹姆斯·克伦威尔、玛格达·苏班斯基主演，1995。

○《鲨鱼黑帮》，罗伯·莱特曼、碧柏·波杰林、维基·詹森导演，威尔·史密斯、杰克·布莱克、罗伯特·德尼罗、蕾妮·齐薇格、安吉丽娜·朱莉主演，2004。

○《夏洛特的网》，盖瑞·温尼克导演，达科塔·范宁主演，2006。

○《小猪教室》，前田哲导演，妻夫木聪主演，2008。

○《肉食公公与草食媳妇：餐桌上的思辨之旅》(*Living Things*)，艾瑞克·夏皮诺导演，罗达·乔丹、班·席格勒主演，2014。

○《大创业家》，约翰·李·汉考克导演，迈克尔·基顿、尼克·奥弗曼、约翰·卡罗尔·林奇、琳达·卡德里尼、帕特里克·威尔森主演，2016。

关于这个议题，你可以阅读下列书籍

○卡罗·亚当斯（Carol J. Adams）著，卓加真译：《男人爱吃肉 女人想吃素》。台北：柿子文化，2006。

○卡罗·亚当斯（Carol J. Adams）著，方淑惠、余佳玲译：《素食者生存游戏——轻松自在优游于肉食世界》。台北：柿子文化，2005。

○丹·巴柏（Dan Barber）著，郭宝莲译：《第三餐盘》。台北：商周出版，2016。

○扶霞·邓洛普（Fuchsia Dunlop）著，何雨珈译：《鱼翅与花椒》。上海：上海译文出版社，2018。

○乔纳森·萨弗兰·弗尔（Jonathan Safran Foer）著，卢相如译：《吃动物》。西安：陕西师范大学出版社，2011。

○朱立安·巴吉尼（Julian Baggini）著，闾佳译：《吃的美德：餐桌上的哲学思考》。北京：北京联合出版公司，2016。

○卡伦·杜芙（Karen Duve）著，强朝晖译：《高尚地吃》。北京：生活·读书·新知三联书店，2013。

○梅乐妮·乔伊（Melanie Joy）著，姚怡平译：《盲目的肉食主义：我们爱狗却吃猪、穿牛皮？》。台北：新乐园出版，2016。

○迈克尔·波伦（Michael Pollan）著，邓子衿译：《杂食者的两难：食物的自然史》。北京：中信出版社，2017。

○罗尔德·达尔（Roald Dahl）著，吴俊宏译：《猪》，载于《幻想大师Roald Dahl 的异想世界》。台北：台湾商务印书馆，2004。

○索尼娅·法乐琪（Sonia Faruqi）著，范尧宽、曹嬿恒译：《农场：从印尼到墨西哥，一段直击动物生活实况的震撼之旅》。北京：中国政法大学出版社，

2018。

○坦普尔·葛兰汀（Temple Grandin）、凯瑟琳·约翰逊（Catherine Johnson）著，马百亮译：《我们为什么不说话》。南昌：江西人民出版社，2018。

○沃伦·贝拉史柯（Warren Belasco）著，曾亚雯译：《食物》。台北：群学出版，2014。

○韦恩·帕赛尔（Wayne Pacelle）著，蔡宜真译：《人道经济——活出所有生物都重要的原则：在公园及海滩捡起塑胶垃圾；减少个人制造的垃圾；买车选燃油效能高的，多骑脚踏车、走路代替开车》。台北：商周出版，2017。

○坂木司著，山吹译：《肉小说集》。北京：新星出版社，2019。

○荒川弘著，方郁仁译：《银之匙》。台北：东立，2012。

○韩江（한강）著，千日译：《素食主义者》。重庆：重庆出版社，2013。

○李欣伦：《此身》。台北：木马文化，2014。

○李娟：《记一忘三二》。北京：中华书局，2017。

○李娟：《遥远的向日葵地》。广州：花城出版社，2017。

6 实验动物篇

看不见的生命

失格的科学？

哈尔·贺札格在《为什么狗是宠物？猪是食物？》一书中，曾对实验动物议题下了如此的评论：关于动物实验的争议，远甚于其他人类与动物关系之议题，甚至比讨论吃动物这件事还难取得共识。[1] 这样的看法或许多数人并不会同意，毕竟为了医疗与科学的发展，动物实验往往被视为必要手段，相较最容易引发论战的素食／肉食话题，它理应是较无争议的一环。然而，如果从伦理的角度思考，彼得·辛格一针见血的说法，却直指动物实验无法回避的内在悖论："要就是动物跟人类不相似，要就是跟人类相似。如果不相似，就没有理由做这类实验；如果相似，则对动物做人类所不堪忍受的实验是伤天害理的。"[2] 更何况，许多资料早已指出，若干以科学、进步或教育之名进行的实验，并不见得真如它们所宣称的那么必要。然而长期以来，人们很少去质疑动物实验在手段上和目的上是否合理，或许也不曾认真思考过我们日常生活中，透过动物实验来制造产品与进行研究的普遍程度以及物种的跨度：从黑猩猩到果蝇，都是人类进行实验的对象。因此，如何对动物实验进行有限度的管理和限制，自然是当代讨论动物伦理与动物福利议题时，必须列入考量的重要问题。

若综观以实验动物为题材的文学或影像作品，可以发现一个有趣的现象，就是但凡实验失控造成毁灭性灾难的主题，多半以科幻小说或者"科推小说"（speculative fiction）[3] 的寓言体形式呈现，并且时常带着浓厚的反乌托邦色彩。较为人熟知的例如电影《猩球崛起》（*Rise of the Planet of the Apes*）三部曲中，猩猩之所以能够建立起与人类相抗衡的社会体系，正是肇因于主角将实验室中原本要遭到扑杀的小猩猩带回家养，并且为了研发治疗阿兹海默症的药物私下在家中进行新种病毒实验，这一方面增长了猩猩凯萨的智慧，另一方面却不慎造成超级病毒在全球蔓延；又如玛格丽特·阿特伍德（Margaret Atwood）的"末世三部曲"：《羚羊和秧鸡》（*Oryx and Crake*）、《洪水之年》（*The Year of the Flood*）、《疯癫亚当》（*Madd Addam*）[1]，同样预言了生物科技与变种病毒将造成人类毁灭的浩劫。在《羚羊和秧鸡》当中，小说一开场就已是历劫过后的

1　台湾地区译名为玛格莉特·爱特伍：《末世男女》《洪荒年代》《疯狂亚当》。

废墟，除了幸存者"雪人"之外，仅余一些经过基因改造的"克雷科人"与各种古怪的基因组合生物，例如狗狼（wolvogs）或器官猪（pigoons）；就连惊悚片《侏罗纪公园》（*Jurassic Park*），故事的设定也是灾难起因于基因实验的失控与人们想要透过科技重现已灭绝生物的欲望。这些作品虽然各异其趣，却都与玛丽·雪莱（Mary Shelley）被视为科幻小说先驱的《科学怪人》（*Frankenstein*）遥相呼应，指向了科学的诱惑力，以及科学失控时具有的毁灭力道。科学与人性的辩证，更是这些科幻／科推作品中核心的命题。

不难理解的是，这些带有"警世意味"的故事，是想要与科学至上的世界对话。在这个由科学乐观主义主导的世界中，人们普遍相信科学理性的力量与人定胜天的理想，至于人类战胜不了的，自然明显超越人力或是不受控制的部分，往往就会被妖魔化为不受欢迎的存在。约翰·斯坦贝克（John Ernst Steinbeck, Jr.）[1] 的短篇小说《蛇》（*Snake*）就颇能带我们看到此种价值体系与局限所在。小说描述一位科学家的实验室中闯入一个行迹诡异的女性，科学家原本认为所有人都应该和他一样，是为了对科学实验的兴趣而来，但女人却拒绝欣赏显微镜下海星的精卵结合过程，要求看蛇吃老鼠。科学家对于女人的要求感到不悦与轻蔑，认为这是某种类似想看斗牛表演的心态，只是对刺激与动物表演的娱乐追求："他讨厌人们把自然界本能的搏斗当作娱乐或运动。他不是个运动家，而是个生物学家。他为了知识的获得可以杀死成千上万的动物，但绝不肯杀死一只昆虫以自娱。"[4] 但是从科学家种种言行不一的行为中，我们会发现他宣称"为了知识"的崇高理想，或许并不如自己所想象的

1　台湾地区译名为约翰·史坦贝克。

那么超然。因此当女人的反应不如他的预设时，他甚至把之前安乐死的猫的喉咙划开，期待借此引发她的不安感。

另一方面，女人的闯入也迫使科学家用不同的眼光来看待作为实验材料的小鼠们。虽然他不断说服自己"蛇吃老鼠是自然的进食行为"，但科学家终究还是只为了有人想看蛇进食，就刻意去喂食一只早已吃饱的动物，这和他所鄙夷的那些娱乐表演在本质上有不同吗？或许更应该追问的是，他日常进行的那些道貌岸然的实验，又真的和这场"喂食秀"有本质上的差别吗？透过科学家与女人之间的对立与对照，或许可以开启我们对于动物实验与动物利用的重新思考。[5] 而在讨论现今动物实验的状况之前，我们有必要先简单回顾，斯坦贝克笔下的这类科学家，是如何受到"科学"这个价值信念核心的引导，才有可能进一步了解近年来动物实验的争议背后，牵涉到的各种价值体系之复杂冲撞。其中，笛卡尔的心物二元论在动物实验发展之初，扮演了一个非常重要的角色，成为让各类残酷实验都得以心安理得执行的关键。因此，本章将先从勒内·笛卡尔（René Descartes）的观点出发，略述此种思维模式如何影响早期科学实验，使得动物被排除在伦理讨论的范畴之外；再进一步讨论动物实验牵涉到的伦理争议；最后则以亨利·史匹拉（Henry Spira）的动物实验革命为例，除了可以更清楚地看到实验动物管制的发展脉络，他的种种行动对于社会运动的模式而言，亦可提供重要的参考与省思。

将动物视为机器

尽管反活体解剖运动已有百年以上的历史，但以人道方式对动物实验进行若干限制的想法，在近几十年才受到较多的注意与讨论。在此之前数百年的时间，动物被以超乎想象的残酷方式进行各类科学相关实验，17 世纪甚至因此被称为"活体解剖的年代"[6]。在当时，直接用动物活体进行各类解剖实验，且并未对这些动物施以任何较人道的处理，是相当普遍的情况。这牵涉两个重要的因素，一是英国人威廉·哈维（William Harvey）于 1628 年提出血液在身体内循环的主张，颠覆了过去两千年来的医学模式[7]，也开启了英法两国在医学、科学、宗教各方面的对立和冲突；二是笛卡尔心物二元论的哲学主张。笛卡尔将身体和动物视为机器，动物就像是由齿轮、管子、泵之类的零件所构成，而它们表现出的哀鸣和颤抖，也就如同机器发出的噪音或是对刺激的自然反应。笛卡尔认为，动物没有情感、语言与理性，因此它们感觉不到痛苦。[8]这个理论大受欢迎，因为它排除了动物实验可能带来的各种道德质疑。

但是，无论笛卡尔将动物视为机器的观点也好，或是罗伯特·波义耳（Robert Boyle）用来合理化自己用大量动物进行真空实验的宗教理由——所有生物都是为了人类所创造的——也好，它们都无法改变活生生的动物在未经麻醉的状况下被进行活体解剖与输血实验时，确实会出现恐惧、挣扎与疼痛等各种反应的事实。因此，就连英国最积极的活体解剖学家之一罗伯特·胡克（Robert Hooke），最后都忍不住写信给波义耳，描述他将狗的胸腹切开后，用风箱将肺灌满空气的实验方式，"因为实在太残忍，我几乎不可能再做一遍"，"应该没有什么能够促使我再做这种尝试了，因为那只动物受尽了折磨；但如果我们可以找到一种让那只动物麻木的方式，这还是一项高贵的研究，因为如此一来它也许就没有感觉了"。[9]

胡克的信事实上等于承认了动物具有感觉的能力，只是在当时，解剖与输血实验所带来的各种知识上与医学上的可能性，让无数科学家目眩神迷。动物是否有灵魂或感觉并非科学家最关心的课题，即使的确有少数人陷入了动物灵魂的论争中[10]，他们当中的多数人，仍然比较在乎如何制伏发现状况不妙时会想要逃跑与激烈挣扎的动物。在那个活体解剖的年代，不只被进行解剖实验的动物种类不计其数，诸如将牛奶注入狗的静脉、将墨汁注入大脑、试着同时将三只狗的血液互相交换等乍看之下匪夷所思的行径，也都是科学家尝试解开血液流动之谜的手段。

值得玩味的是，如同霍莉·塔克（Holly Tucker）在《输血的故事》（Blood Work）[1]中指出的，当时对输血的迷恋中，有一部分的兴趣是聚焦在思考跨越个体与物种的输血实验，是否会令受血者在性格、行为甚至外观上，变得更接近于供血者？而此种好奇与提问并不令人感到陌生，因为它正是自古以来就有的、深受"变种动物"吸引的文化，因此：

> 十七世纪的输血实验一枪命中了人类本质为何的问题，也触及人类与其他动物的分野之问题。如果我们能想象早期输血实验是怎样进行的，就能勾勒出这样的一个世界图像：混种动物不只是存在，而且是有可能被创造出来的。[11]

换言之，我们将会发现，前述科幻与科推作品中的警世情节，其实既不幻想也不推理，某种意义上来说，它们甚至非常"写实"，因为这些故事所描述的，正是数百年来无数地上与地下实验室持续在进行的事情。

1　台湾地区译名为荷莉·塔克：《血之秘史》。

爱德华·海斯兰（Edward T. Haslam）在《玛莉博士的地下医学实验室》（*Dr. Mary's Monkey*）一书中，就借由看似悬案的玛莉·谢尔曼（Mary Sherman）医生之死，揭开一幕幕隐藏在历史黑幕中不能说的医学研究，以及公共卫生安全如何在一层层的隐匿中被牺牲。一如无数小说电影中的惊悚情节，其中扮演关键角色的，正是实验室中被猴病毒污染的疫苗。而比虚构故事更惊人之处则在于，隐匿疫苗污染与秘密发展生物武器，已在真实世界中造成了无可挽回的后果。书中的一个重要论点，就是人体免疫缺陷病毒，与猴病毒突变有着密不可分的关系。就算毫不考虑这些在台面下交易的动物会面临什么可怖的处境，动物实验隐含的风险，也始终如影随形地与它可能带来的愿景成正比。[12]

一如愿景总与隐忧同在，人类对动物混种的好奇与欲望，也与压抑和恐惧并存，这是何以胚胎干细胞研究总是充满了争议。2006年，美国总统小布什（George W. Bush）就在国情咨文中呼吁，应"立法禁止那些以创造人类与动物混种生物为目标，极其恶名昭彰的医疗研究"[13]，他对胚胎干细胞研究的禁令虽然在2009年由总统奥巴马（Barack Obama）解除，但世界各国有关胚胎干细胞研究的伦理与法律争议从未停止过。而当我们对于胚胎干细胞是否是"生命"产生伦理上的怀疑时，将比胚胎干细胞更毫无疑问已经是完整生命体且具有感受能力的动物排除在伦理的思考与讨论之外，显然是不合理的。

动物实验背后的道德难题

但是，"实验动物"对于大多数人来说，几乎是个完全被隐匿的存在。会出现在动物园里的展示动物、街上的流浪猫狗，甚至蛋鸡场或养猪场的鸡和猪，它们在一般人的生活中被看见的可能性都远高于实验动物。实验室仿佛就是个封闭的存在，隔离于我们的日常之外。于是"实验动物"一词，往往就只和实验室的小白鼠画上等号，而实验室的小白鼠，从一出生就注定了为实验而存在，罕有人会在意它们的遭遇。对这个议题若稍有涉猎的读者，或许会进一步关心化妆品实验的兔子、心理学实验的猴子等，然而事实上，实验动物涵盖的范围远大于此。自输血实验与活体解剖以来，只要有办法取得，基本上任何动物都有可能成为"实验动物"。彼得·辛格在《动物解放》中，就非常详细地列举了军事研究、心理学研究、医学与化妆品工业等各种领域中，包含毒气、电击、用药、加温、切除各种腺体或器官、睡眠剥夺、母爱剥夺、习得无助等，加诸动物身心的各种惊人残酷之举措。[14] 更重要的是，他直指其中许多所谓的实验，不只毫无必要，对于人类的健康也完全无所助益。

另一方面，当查尔斯·达尔文（Charles Robert Darwin）认为动物也有情感与心智的主张，取代笛卡尔将动物视为机器的主流观点，过去被视为理所当然的科学实验，也就不得不回头面对早该思考的道德两难——和人类越相似的动物，进行的动物实验越具有参考价值，但如果我们承认它们与人类相似，这些实验在伦理上的正当性就越经不起挑战。换言之："科学上越适合当作实验对象的动物，往往让实验在道德面站不住脚。"[15] 在这个领域中，所有将动物伦理列入考虑的讨论，都将得出同样的结论：我们的道德量尺没有任何把动物排除在考量范围之外的理由，尽管现实是它们几乎总被排除在外。

因此，我们不时会在伦理学的讨论中，看到类似此种可能令人感到不悦的推论："使用没有知觉的婴儿做实验当然比让老鼠受尽折磨来得好。"[16] 虽然可以想象的是，用前者进行研究无疑将会冒犯多数人的道德直觉，但道德哲学中的这类探问，就是迫使人们去面对此一事实：那些被视为理所当然不容挑战的价值，许多时候并非真的那么理直气壮，而是我们自身偏见或歧视运作的结果罢了。这类思想实验没有标准答案，却要求更开放的心灵去接纳那些乍看之下让我们不舒服的选项，承认就道德价值的判准而言，它们确实具备成立的条件。

举例来说，吕旺·奥吉安（Ruwen Ogien）在《伦理学反教材》[1]一书中，就以一个暴风雨中的救生艇情境，要求读者思考：假设小艇上搭着不同状态的人，以及同样数目、健康又充满活力的年轻黑猩猩，若不把其中的部分成员抛下海，大家都会死，那么把一只或几只黑猩猩推下海，只因为它们不是人类，这样的理由是否足够充分？这类"临界处境"的思想实验，正是为了提醒读者：人类中心的偏好选择，其实很多时候在道德上缺乏真正充分的理由，而许多道德原则本身更是互相冲突的。[17]

值得庆幸的是，在现实生活中，不常发生这类思想实验所虚拟出来的临界处境，但动物议题背后的众声喧哗与道德冲突，却是真实存在的。北小安就曾以短篇小说《蛙》，试着处理实验动物牵涉到的复杂面向。[18]这篇作品并无太多作者个人的主观色彩，而是以点到为止的方式来处理这个颇为敏感的议题。小说描写叙述者陪着把牛蛙标本弄坏了的朋友 N 去买另一只牛蛙，看到牛蛙在袋中挣扎的画面，他想起了日本俳句中优哉的青蛙，更进一步引发"一只青蛙和一个人在本质上有什么不同"的哲思。袋内挣扎的牛蛙只是单纯地想活下去，人们在动物实验议题上的争论不休，对于已成为另一具冰冷的牛蛙标本的它，也不再具有任何意

1　台湾地区译名为胡文·欧江，《道德可以建立吗？》。

义，但小说里呈现出的多元观点提供了一个思考实验动物问题的空间：

> 我们可以指责 N 说，如果当初小心点，就没有必要再牺牲一只牛蛙。然而，N 可能也会理直气壮地说，如果学校不用交什么骨骼标本的作业，他才舍不得把青蛙杀死。而学校又可能会说，如果没有实验动物的课程，科学精神怎么传承？此时动物保护团体又会跳出来说，现在已有许多替代方案，没有必要的动物实验应该全面废除。然后，又有人会说，人类对于科学的追求其实都只是奢望预测万事万物的一切规律，这一切都是虚空。[19]

小说最后结束在牛蛙标本完成，即将被放入实验室中等待打分数，那晚，窗外响起了一片蛙鸣。生与死的对比、命运的分歧在小说中得到凸显，虽然作者对于动物实验的争议并没有提供任何答案，却呈现了其中一个最具争议或许也最具有改变的可能性的切面，就是以教育为名，在教学现场执行的各种动物解剖与的实验。

缺乏规范的教学实验

赖亦德曾经撰文指出，供研究使用与药物测试的实验动物，虽然在一般人的想象中相当悲惨，至少仍有一定的规范和监督。[20]但教学用实验动物的状况则更糟，"它们的存在和命运几乎从来不曾进入一般人的脑海里，也几乎没有任何规范和保障"。他以蛙类解剖为例进行说明：过去教学现场最常见的方法是使用乙醚，但"农委会"早已公布"实验动物适用之安乐死方法及禁止使用之死亡方法"，指出使用乙醚作为牺牲两栖类动物的方法是不被允许的，因为完全不"安乐"，但乙醚仍在许多课堂上继续被使用，甚至沿用到其他的动物，例如兔子或大小鼠身上。近年来乙醚的使用虽有减少，但高中教科书所提供的新方式——使用二苯氧乙醇或是丁香油，仍然是不安乐的。最令人忧心之处在于，目前有关高中以下的教学用动物，几乎没有规范可言，仅有"动保法"第18条规定："高级中等学校以下学校不得进行主管教育行政机关所订课程纲要以外，足以使动物受伤害或死亡之教学训练。"换言之，只要课纲内容允许蛙类的观察解剖，足以使动物受伤害或死亡之教学训练内容与方式为何，基本上也就无人在意和过问。[21]

更重要的是，当教学成为一种不容置疑的重要目标时，许多早已有替代方式，或者根本毫无必要的动物利用与动物牺牲，就很容易在教育理念的旗帜之下被掩盖与忽略。尤其如果教师本身缺乏动物伦理的相关素养，前述科学理性至上的价值观，往往就成为引导教学方式的唯一信念，动物生命的牺牲不仅不被关心，甚至可能被鼓励——只要观察台湾历年来的科展参赛作品，总是不乏初中生进行动物实验就可得知。例如2010年其中一个得奖作品，是几位同学将泡过免洗筷的水拿来饲养黑壳虾，得出"两小时内抽搐，一天内死亡，五天后烂掉"的观察，以及"免洗筷很毒最好不要用"的结论。就算不论这个作品在实验设定与操作技术上是否有瑕疵的质疑，例如黑壳虾是否因为换环境或缺氧等其他因素死亡，以及对动物有害的因素不见得能反推回人类身上（许多对动物有毒的食物对人类是无害的）；对初中生来说，能够试着提出命题、透过科学步骤寻找答案，确实也已颇为难得、值得肯定，用黑壳虾仍然是没有必要的选择。简单来说，要证成"免洗筷很毒"这个假设，也有其他方法，根本不需要把黑壳虾放入免洗筷浸泡过的水。既然如此，让学生理解生命不该轻易拿来实验与牺牲，以及思考其他替代方案是否可以达到同样的效果，难道不是教育更该追求的核心价值吗？国际上对动物实验的基本共识，就是必须符合 3 R 原则：减量（Reduce）、精致化（Refinement）及替代（Replace）。如果我们的教育现场将此种精神屏除在外，这样的科学教育终究是不够全面的。

史匹拉的动物实验革命

不过，前文虽述及研究与药物用实验动物，目前已有规范，若观诸台湾的实际状况，仍有许多可以努力的空间。大多数人对实验动物议题较为陌生，但 2013 年间，因为鼬獾感染狂犬病造成的全面恐慌，也意外地让不少民众开始注意到实验动物的存在。当时"农委会"为了解鼬獾狂犬病病毒是否会传染给狗，宣布要以十四只米格鲁犬进行动物实验，将其注射狂犬病毒后检验病毒的传染性，消息一出遂引起大量反对声浪，也让实验动物的管理与监督问题浮上台面。虽然因为舆论压力，计划被暂时搁置，2014 年 5 月间，"农委会"仍再次宣布即将重启实验。不过，由于对实验的目的说词反复，且自 2013 年 7 月至 2014 年 5 月，"农委会"对于疑患狂犬病的犬猫案例（犬三十九例、猫六例）在收容观察期间并未进行任何检测；忽略田野监测资料却坚持进行动物活体实验的态度，也遭到动保团体的质疑与批评，活体实验被认为并不具有防疫与科学的必要性。[22]

另一方面，由于人们最关心的同伴动物——狗和实验动物的身份发生了重叠，少数动保团体激烈的反应和流于煽情的抗议方式，同样也引起部分民众的反感。这类"愿意以身代犬进行实验"的宣称、绝食断水的抗议方式[23]，再次被批评为只因为实验的对象是狗，所以才让这些动保人士如此激动。这些"狗太可怜了"的呼声，确实暴露出当抗议行动缺乏相关论述基础，不理解狗在实验动物的脉络中与狗在流浪动物的脉络中面临的是不同处境，仍然操作同样一套激情悲愤策略时，会遭受到的反作用力——其实米格鲁一直是国际上普遍使用的实验动物选项之一，但当动保人士仿佛此刻才如梦初醒，发现狗被当成实验动物，并且大声疾呼不能使用十四只米格鲁进行实验时，焦点被转移至"米格鲁"身上的讨论，都将彻底脱离这个实验本身就不具必要性的真正重点。但是，以粗糙的逻辑简化所有反对的声音，把所有实验都拉抬到"必要之恶"的位置，显然也并非看待实验动物议题应有的态度。

在这个议题上，史匹拉的实验动物革命，具有相当重要的启发意义。这位平凡的中学教师、业余的社会运动者，竟能凭着一己之力，挑战拥有数十亿美金的企业团体，为动物权利运动打下若干重要且坚实的基础，关键不只在于他非常善于评估现实并运用恰当的策略，更重要的是，史匹拉身体力行地示范了"道德理想"与"运动成效"之间该如何取得平衡，他不躁进、不煽情，以非常务实的态度追求实验动物处境的逐步改善。

首先，史匹拉有鉴于过去反活体解剖实验的抗议对于减少实验室动物的数量而言，完全没有助益，因此，他决定将目标锁定在一个明显对人类毫无帮助，实验目的与内容都缺乏合理性与价值的例子，来确保第一次的行动能够成功。事实证明他选择了一个相当具有代表性的标的，也就是美国自然史博物馆（American Museum of Natural History）的伤残猫性行为实验。这个实验是透过用各种方式让猫的感官或肢体致残，来研究特定伤残对其性行为的影响。由于实验的主要经费来源是国家卫生研究院（National Institutes of Health）的补助，因此很容易触发大众对于国家研究经费运用的关切。但有别于常见的抗议行动会锁定抗争对象本身（在这个例子中就是自然史博物馆）进行攻击与批判的方式，史匹拉强调他的抗议目标是终止该项实验，而非抵制博物馆或动物实验。于是，他在博物馆外，发给所有要入内参观的民众一美分，如果他们支持运动的理念，反对这项猫咪实验，就请将一美分投入馆内的门票箱，透过这些硬币的累积来表现民意的增加，最后也确实产生了影响力，使得国家卫生研究院停止这项实验的预算补助。虽然这只是一个每年使用七十多只猫的实验，相较于其他更庞大的药物测试实验，七十是个微不足道的数字，却是反动物实验运动的重要一步。[24]

其后，他将目标慢慢拓展至影响更多动物的实验方式：德蕾资测试（Draize Eye Lrritancy Test）[25]——为了检查化妆品或其他物质对眼睛的损害程度，将兔子固定在特殊装置上，将浓缩的试剂滴入其眼内，并以受伤的程度来衡量损害程度的实验；以及五成致死剂量测试（Median lethal Dose，简称 LD50）——让一群动物吃进越来越多的被测物（不论那是清洁剂或油漆稀释剂），直到它们当中 50% 死去为止。很长一段时间，任何可能进入人类眼睛的东西，几乎都会被要求进行德蕾资测试，从沐浴乳到洗衣液，甚至农药，都要经过测试才能贩售。为了阻止这些受测的兔子逃跑，它们会被固定在只能露出头部的仪器中，眼皮被金属夹夹住来阻止它们闭上眼睛，而这项长达数周的测试经常没有使用任何麻醉药。LD50 所使用的动物数量更为惊人，相较于一年使用大约数万只兔子的兔眼实验，1980 年光是在美国就有 400 万至 500 万只动物用以进行 LD50 测试。这个实验方式始于 1927 年，最早是用于某些在治疗和致命剂量之间差异很小的药物，例如胰岛素或洋地黄，但后来这个实验被大量使用在毫无意义的地方，而且实验的数字其实并不具任何参考价值，动物在短时间内被迫吃下大量食用色素的致死量，完全无法类推到人以慢性的方式少量吸收这些物质的致病风险。[26] 此外，对动物有毒性的物质，对人也不见得有影响，反之亦然。加上许多德蕾资和 LD50 测试的数据，都是重复之前已经做过的实验结果，一再测试完全是生命的无意义浪费，是毫无必要的受苦和死亡。

因此，史匹拉结合了反德蕾资与 LD50 试验的诉求，要求当时最大的化妆品公司露华浓（Revlon）以利润的万分之一进行替代方案研究。由于露华浓始终没有正面回应，他以广告方式制造舆论压力，让露华浓与其竞争对手如雅芳（Avon），为了企业形象而纷纷投入替代方案的研究。[27] 至于 LD50 测试，他则鼓励以近似致死剂量测试、极限测试等方式替代。例如：只用少数动物进行测试，投以一定剂量后，如果对这少数几只的动物群体并未造成有害的影响，就判定无须再以会杀死半数动物的更大剂量进行测试。[28] 虽然如此一来大量减少了原先滥用动物进行致死测试的情况，但对于很多反动物实验的动物权利倡议者而言，史匹拉的策略无疑还是对这些不合理的动物实验妥协——用动物权的眼光来看，一个实验如果用两百只狗来测试是不合理的，它不会因为改为六只就变得合理。但对于史匹拉来说，没有任何社会运动是经过某次革命就完成的，如果彻底反对动物实验的理想根本无法达成，那么这样的立场对他而言就没有坚持的理由。他在乎的是："动物们正在受苦，如果我们能造成一些改变，让其中一些动物免于受苦的话，我们就应该去做。"[29]

"只要能让其中一些动物免于受苦，就比所有动物都在受苦要好"

的态度，是典型"效益主义"的道德观，此看似"退而求其次"的态度，却能立竿见影地"将痛苦减量"。此种"量化实践的运动观"对于涉及大量动物利用的议题，都是相对务实的考量。例如关怀经济动物问题延伸出的素食考量，由于对大多数的人来说可能都是"陈义（或难度）过高"，因此迩来亦有学者提出"量化素食主义"的实践方式，亦即："素食主义要求'效果'而不要求'德性'；它的重点在于减少肉食所造成的具体伤害，而不是塑造出全心吃素的道德圣人。……我们应该减少吃肉，至于减少到什么程度，你可以根据自己的处境、能力、感觉与良知去调整。"[30]而这正是史匹拉所坚持的："让我们先做今天能做到的事情，然后明天再继续做更多的事情。"因此他赞同辛格以"平等考量"[31]的角度切入动物议题的伦理观，在这样的前提下，再试着以各种最有机会产生效果的策略来执行。

当然，动物权利与伦理是一个复杂的议题，不论哲学家、学者或动保工作者对此都未能有共识。但史匹拉对动保运动所提出的若干观点，其实也指出了前述某些动物权利运动人士在追求心中理想的终极目标时，行动上的盲点所在。例如只是寄出某些印有可怕照片——如实验动物或农场动物受苦惨状——的文宣是不够的，因为公众对某个议题的认知，会伴随成功的运动而来，所以掌握足以造成变化、具有赢面的目标与诉求才是更重要的；与其高喊废止动物实验的口号，不如具体抗议某个为了一些琐碎浅薄甚至莫名其妙的目的所进行的动物实验；另外他也指出，不要以为只有经由立法程序或诉讼过程才能解决问题，因为没有任何国会法案本身就能解救动物，若是太过投入政治程序，很容易让运动偏离到政治空谈的方向；更要注意的是，别让不断扩大的组织成为人事纠结的官僚体制，因为如果原本为动物或其他理想奋斗的团体，到最后却为了"营运"而将大部分的时间花在募款上，以维持团体本身庞大的人事开销，不啻一大讽刺；而在他的诸多主张当中，对于往往备受压力的动物权利运动人士来说，在实践上最具难度的或许是：不要把抗争的对象当成十恶不赦的"坏人"，因为"从来没有什么运动是基于黑白二极化的理念，而能够赢得胜利的"，只有站在对方的立场设想，双方才有对话的空间与可能。这些理念，都是史匹拉从丰富的运动经验中所得出的体悟，也无一不是有心改造社会的人们，在为理想努力的过程中，应该不时惕励自己的。[32]

将实验动物纳入道德量尺

2014 年，八只从小被关在笼中，在实验室里撑过了八年药物实验的米格鲁，在"即将退役"之前，经由"台湾动物社会研究会"与药厂协调，得到了开放民众领养的机会。在记者会上，过去没有名字只有药厂代号 A、B、C、D、E、F、G、H 的它们，一字排开，紧张僵硬，让人心疼的神情却也因此让民众注意到退役实验动物的存在。虽然医生宣布，这些实验犬多半已经浑身病痛，剩下的寿命短则半年，长则二年，还是找到了八个家庭，让它们仅剩的余生得到过去不曾有过的爱和温暖。

在台湾，缉毒犬、警犬、导盲犬等工作犬的工时及退役，均受到"动保法"的规范，但退役实验动物鲜有受到关注的机会。一方面，实验动物能熬过长期的实验生涯，达到"退役"年龄者原本就为数不多（台湾平均一年使用三百多只实验犬，其中能熬过动物实验的大约一半），但由于它们的余生并未受到明文规范与保障，下场不外乎几种："留在机构饲养或被计划主持人带走、在生理状态可允许下继续做其他实验、用高浓度麻醉剂人道安乐死。"[33]那些极少数能够被机构或个人认养的，有时又因为长期关笼而无法适应社会生活，最后亦不乏"退货"的状况。这八只实验犬也不例外，其中一只"小乐"，就因吠叫和随地大小便，二度遭到"退货"的命运。领养小乐的郑小姐说："我当时觉得它已经没有出路了，这次愿意认养它的只有我一个人。"咬牙把它接回家后，却发现担心的事情并没有发生，小乐不但会等门，也很乐观活泼，只可惜三个多月后，小乐就因肿瘤扩散而离开。

除了小乐之外，其他几只米格鲁仍在领养人的照顾下继续着"第二狗生"。它们的故事不只打动了读者，实验犬种种不为人知的处境，也在故事之中逐渐浮现。其中一只"飞飞"，在访谈过程中不断发抖，不敢直视人的眼睛；"PiPi"刚到领养家庭时，眼神哀伤空洞，经过了漫长的时间才逐渐放松，但至今仍不喜外出；"可乐"一开始也有许多行为问题，带到办公室就躲在桌子下面不敢动，在外面不敢爬楼梯，如果跟它握手，它会把手伸出来，头撇过去，可乐的领养人阿原说："应该是以前常常被打针，对人不信任，好像是死心塌地手就不要了。"没有人知道它们如何度过之前的日子，但该次专访最重要的意义在于，无论是在记者会上的僵硬紧张，身体状况的各种问题，或是童年时错过社会化学习阶段的它们，进入领养家庭后如何由敏感、紧张慢慢学习适应的过程，都开启了社会大众"看见"实验犬的契机。[34]

当然，无论是这八只劫后余生的米格鲁，或是2013年差点就要被进行狂犬病实验的十四只米格鲁，都只是无数等待被看见的实验动物之一。无论是米格鲁、黑猩猩、鼬獾、小鼠、牛蛙或鱼，对于所有以动物生命进行科学研究或教育的"必要之恶"，都有必要真正去检讨何谓"必要"。甚至，若将道德量尺再加以延伸，或许有一天，我们也将关注到因其生命力强与繁殖快速的特性，而成为实验动物首选之一的蟑螂。

如果细究人们加诸这种卑微与令人厌恶的生物身上的种种行径——电击、弄瞎它们、让它们长期挨饿、损害大脑或干脆切除头部，或训练它们走迷宫，并且发现实验结果证实了蟑螂会记住受电击的教训，将受过电击的腿缩在身体下，它们完成迷宫的时间也表示它们会记住迷宫的路径[35]，甚至当它们置身在强大的压力下，还会制造出足以致死的自体毒素时[36]，就算我们仍然认为以科学实验为前提而加诸蟑螂身上的种种行径乃是理所当然，也更没有道德上的争议性；但蟑螂的反应，仍提醒了我们，某些道德哲学家之所以会秉持连续主义的立场，主张人与非人类动物之间在道德上并不存在不可逾越的鸿沟，就是因为痛苦、理解或记忆的能力，确实是人与非人类动物都具有的——即使是蟑螂也不例外。[37]

相关影片

○《拦截人魔岛》，约翰·弗兰克海默导演，大卫·休里斯、马龙·白兰度、方·基墨主演，1996。

○《猩球崛起》，鲁伯特·瓦耶特导演，詹姆斯·弗兰科、芙蕾达·平托、汤姆·费尔顿主演，2011。

○《猩球崛起2：黎明之战》，马特·里夫斯导演，安迪·瑟金斯、加里·奥德曼、朱迪·格雷尔、凯莉·拉塞尔、杰森·克拉克主演，2014。

○《逆流的色彩》，什恩·卡鲁斯导演，艾米·西米茨、安德鲁·山斯尼格、什恩·卡鲁斯主演，2014。

○《猩球崛起 3：终极之战》，马特·里夫斯导演，安迪·瑟金斯、朱迪·格雷尔、伍迪·哈里森主演，2017。

○《玉子》，奉俊昊导演，蒂尔达·斯文顿、保罗·达诺、安瑞贤、边熙峰、史蒂文·元主演，2017。

关于这个议题，你可以阅读下列书籍

○亚历·艾尔文（Alex Irvine）著，蓝弋丰译：《猩球崛起》。台北：水灵文创，2014。

○丹尼尔·凯斯（Daniel Keyes）著，陈澄和译：《献给阿尔吉侬的花束》。桂林：广西师范大学出版社，2015。

○爱德华·海斯兰（Edward T. Haslam）著，蔡承志译：《玛莉博士的地下医学实验室：从女医师的谋杀疑云，揭开美国的秘密生物武器实验、世界级疫苗危机及肯尼迪暗杀案的真相》。台北：脸谱出版，2017。

○霍莉·塔克（Holly Tucker）著，李珊珊、朱鹏译：《输血的故事：科学革命中的医学与谋杀》。北京：科学出版社，2016。

○奈尔·亚布兰森（Neil Abramson）著，王瑞徽译：《那些没说的话》。台北：皇冠出版，2012。

○彼得·辛格（Peter Singer）著，绿林译：《捍卫·生命·史匹拉》。台北：柿子文化，2006。

○理察·舒怀德（Richard Schweid）著，骆香洁译：《当蟑螂不再是敌人：从科学、历史与文化，解读演化常胜军的生存策略》。台北：红树林出版，2017。

○柳原汉雅著，陈荣彬译：《林中秘族》。北京：北京联合出版公司，2016。

7 当代艺术中的动物

伦理的可能

在伦理议题上，艺术有豁免权吗？[1]

动物元素的使用，在当代艺术中并不罕见，这些作品无论是诉说着艺术家对人与自然、科技、环境的想象或好奇，或是意图透过视觉影像的冲击重新定义和挑战艺术的疆界，其间蕴含的复杂讯息都值得注意。无论艺术家自身是否意识到或者刻意为之，符号化的动物都必然涉及人与真实动物、人与自然环境以及作品本身与周遭环境之互动关系的多重辩证。

以 2014 年桃园地景艺术节为例，主办单位邀请了多位艺术家在旧海军基地进行创作，其中包括以《黄色小鸭》（*Rubber Duck*，2007）闻名的弗洛伦泰因·霍夫曼（Florentijn Hofman），他以防水纸和保丽龙制作的大型作品《月兔》（*Moon Rabbit*，2014），再次成为吸引民众的视觉焦点。然而，此类装置艺术作品的意义是不能抽离周遭的环境去理解的，若月兔失去了那斜倚的旧机堡，失去了周遭广阔的空地，这只在月光下做着白日梦的兔子，或许就显现不出那种自在的、摊开手脚看着天空编织梦想的自由的力量。既然"地景艺术"中"艺术"的意义与地景密切相关，就有必要把对于"地景"的关怀纳入考量，当桃园地景艺术节的场地本身，因航空城开发案与邻近土地征收引发争议时，艺术节蒙上"破坏地景"的反讽阴影，其原因就不难理解了。[2]

另一方面，当作品中的素材来自动物活体，牵涉到的伦理议题又更为复杂。例如中国知名艺术家蔡国强于2014年8月在美国科罗拉多州亚斯本美术馆（Aspen Art Museum）展出的开馆作品《移动的鬼城》（*Moving Ghost Town*，2014），让三只苏卡达象龟各背两台iPad在美术馆天台花园漫步，播放附近荒废城镇的影片，就引发保育人士的不满及联署抗议，认为此举涉及虐待动物。尽管馆方强调象龟是由繁殖场救出，策展过程亦经过兽医评估，不致造成伤害，但诸如此类的争议，却让我们必须更慎重地思考下列问题：这类的抗议是保育人士小题大做，以所谓动物福利干预创作自由吗？当代艺术中，以动物为素材的作品如此之多，在伦理的议题上，艺术具有绝对的豁免权吗？或是仍应规范出某种不可逾越的底线？这或许都需要透过对作品的更多讨论，方能厘清其中究竟是标新立异、哗众取宠、消费甚至虐待动物者居多，还是某些作品确实得以映照出人与生命的关系，并成为让观者打开一扇思考伦理与复杂道德议题大门的契机？如果答案是肯定的，这些作品又具有什么样的特色或是原则？

　　本章将由这样的思考出发，先以曾来台湾展出并引发讨论的《熊猫世界之旅》（*Pandas on Tour*，2008）和《黄色小鸭》为起点，论述动物形象在艺术作品中被符号化可能产生的效应，再延伸到对更具争议性的、使用活体或死亡动物为素材，如徐冰、黄永砅、蔡国强与朱骏腾的若干作品进行介绍，借此思考当代艺术与伦理交涉的可能。

保育的可能？从快闪熊猫到黄色小鸭

　　"世界自然基金会"（WWF）邀请法国艺术家保罗·格兰金（Paulo Grangeon）创作的熊猫装置艺术作品，曾于2014年来台，于台北首展后，部分纸熊猫后续巡回台湾其他城市与若干小学进行了几次展览，并于2014年6月间跨海至澎湖展出。[3]《熊猫世界之旅》是以1600只（野生熊猫仅存的数量）纸熊猫在各大城市巡回展览的方式，传递关怀濒临绝种动物的讯息。当时在台北的首展，主办单位邀请台湾艺术家薄汾萍设计制作了石虎、白海豚、台湾云豹、诸罗树蛙等共十种台湾特有种的纸雕作品穿插在熊猫当中，在展览前安排了十场"熊出没快闪行动"；并将200只（同样是野生台湾黑熊仅存的数量）台湾黑熊纸雕置入，期望透过熊猫和黑熊的对话，增加展览的"在地性"[4]。

　　无论是台湾特有种生物的置入，或是邀请原作者格兰金造访台北市立动物园，设计"台湾限定"的黑熊纸雕，都可看出策展单位相当强调此项装置艺术与"保育"结合的用心。不过，质疑的声音亦伴随着熊猫来台而展开，认为这类作品只是打着保育旗帜，来操作与消费熊猫／黑熊符号。纸熊猫展究竟是否具有保育功能的争议背后，其实涉及当代关于"艺术"内涵之理解的两种价值系统：当艺术作品承载了美学以外的"宣传"意味时，是否代表着艺术诠释的开放性将被意识形态稀释？或是它反而能提升作品的意义与重要性？如同托比·克拉克（Toby Clark）在《艺术与宣传》（*Art and Propaganda*）一书中所指出的，当代有关艺术与政治的论争，总是围绕着若干高度相关的议题："艺术为宣传之用是否永远暗示着美学质地对于讯息传播的屈从？换个角度来说，评断美学质量的标准能否与意识形态的价值分离？如果宣传性艺术的目的是说服大众，那么该如何达成这个目标？并且，又达到了何种程度的成就？"[5]也就是说，艺术是否需要保育（或任何其他意识形态）之名固然见仁见智，但是当意识形态的宣传确实被当成其中一个"目标"时（快闪行动强调的正是"保育 × 艺术 × 城市地景"），它如何与是否达成这个预设的期待，就具有讨论与思考的空间。

不过，有关纸熊猫展的相关论述，多半仍集中在克拉克所提出的后两项议题："宣传性艺术如何说服大众，以及达到了何种程度的成就？"若由这个方向来思考，纸熊猫展得到的评价以负面居多并不令人意外——论者多半认为被可爱化、商品化的纸熊猫，只是给观者带来愉悦的视觉感受与娱乐效果，"与其说它成功让人关注保育类动物，不如说它成为台北市圆仔文创营销下另一商品"[6]——台北市立动物园自从小熊猫"圆仔"诞生之后，一连串的营销手法，自然又引发了"熊猫外交"的政治联想，让这个展览多蒙上一层政治色彩。除此之外，它更被认为不只无益于实际的保育行动，甚至可能造成某种自欺欺人式的伤害：

把熊猫拟像后的结果是，我们在周末排队入场，换来了真实的快乐，但当告示牌再次提醒野外族群数目只剩 1600 只，我们却无法停止看着它们的可爱，思考难以面对的真相。毕竟只要转过身、选择看向另外一旁，浸润在贩售熊猫图像的纪念品商店，我们便可以假认消费的一小步，是自然保育的一大步。……当动物继续以娱乐为目的被观看、收入资本逻辑的运作中，透过商品化的方式被萌化，使得个别物种的真实脉络得以被切除在外，连同具体的生存危机都将被蒙蔽，终只剩下离消费者过于遥远的词汇，例如"濒临绝种"。[7]

上述批评牵涉两个相关的议题：商品化与去除对动物真实脉络的理解，或者说商品化的过程就注定了去脉络化——商品化往往借由凸显动物"可爱化"的面向来刺激消费，但"可爱"的想象不只让关怀的面向变得狭隘与简化，还可能造成对动物的误解——如同亨利·尼克尔斯（Herry Nicholls）[1] 所提醒的，如果我们不能体认到日常生活中被绒毛玩具、明信片、漫画卡通所塑造的虚拟熊猫与真实野生熊猫之间的差异，"很可能我们所做的保育工作，会沦为保护虚拟熊猫，而非真正的大熊猫"[8]。当动物在符号化的过程中被赋予过度单一的形象与想象时，反而可能让真实动物的处境被"消音"，这绝对是不容忽视的问题。[9]

但是，在讨论所谓的保育"效果"之前，不妨先回到对作品本身的观看和思考，亦即，如果先不论作者或是策展单位所宣称的保育、教育与关怀弱势等功能，这些动物形象的装置艺术，被置放在当前的城市空间中，究竟交织出什么样的对话或是意义的可能？如同许多战

1　台湾地区译名为亨利·尼可斯。

争纪念碑的设计者所试图反抗的，"在一庞大的台座上矗立着某物并谆谆教诲人们应该思考什么的作品"[10]，当艺术作品成为设计者意识形态的独白，它也就同时减损了"与观众互动，并容纳各种不同意见"[11]的可能性。然而诸如纸熊猫这样的作品，是否真的只能作为谆谆教诲的独白式"保育代言人"来理解？它所进行的这场世界巡回之旅，除了"熊猫濒临绝种"这个（众所周知的）讯息之外，难道再无其他诠释或理解的可能？以下将先试着从作品与空间的互动关系出发，讨论其中可能蕴含的讯息。

研究都会空间艺术的学者卡特琳·古特（Catherine Grout）曾说：

> 由艺术品所发动的相遇是一种艺术事件，而非一种功能。我们因此可以了解，这艺术的相遇所关心的是我们的生存处境。……艺术品不需哄抬它的外在形式来存在，关键在于它被理解的状况、被纳入与环境共存的复杂性。其实，在多数状况下，当代艺术品若无法创造相遇的条件，则称不上是艺术。[12]

对古特而言，艺术的价值来自创造了人和世界"相遇"的可能性，我认为这个概念相当有助于重新理解诸如纸熊猫这类装置艺术作品，它们的意义与其说来自策展单位不断宣示的"某某动物濒临绝种"，不如说是透过这些纸熊猫所置身的"环境"而开展。如果将1600只纸熊猫抽离周遭环境，它自然像是一个苍白无力且无效的"亲善大使"，只能无声地呼喊着众人早已知晓的讯息。

然而，若我们重新思考这场熊猫世界之旅的"背景"，就会发现那看似与熊猫格格不入的场景，反而产生了比"保育"更复杂的讯息：

"101 与信义计划区在左右，中正纪念堂在其后，围住保育项目的熊猫互动艺术展览的，是经济发展的阳具崇拜，与旧时威权的象征符码。"[13] 这样的画面或许令人觉得格格不入，但当代艺术常见的手法之一，正是透过将物件置放在某个看似荒谬、不协调的状态中，令观者产生违和感而"自问它为何会出现在这里？然后，随这个简单问题的推进，我们将会触及更根本的问题"[14]。这看似怪异的、突兀的画面，将成为触发观者重新看待与思考人与物件、周遭环境互动关系的起点。由这个角度来看，在十场熊猫快闪活动中，最有趣也最能说明这种"相遇"意义的，当属其中的"熊出没两厅院快闪行动"[15]，当熊猫占据了原本属于"观众"的位置，正襟危坐在音乐厅的画面引发不安或不愉悦的感受时，这样的相遇其实已产生了某种颠覆的可能，当我们觉得 1600 只熊猫像观众一样坐在音乐厅很奇怪甚至看起来有点诡异，它就已然松动和挑战了我们所习惯与熟知的世界。它们为何不应该出现在这里？如果它不应该在这里，应该在哪里？或者，真实生活中的"它"现在在哪里？这一连串的问题或许不见得每个观众都会自问，却是艺术品与人相遇、与世界对话的开端。

相较之下，荷兰艺术家霍夫曼从 2007 年开始巡回世界各国展出的《黄色小鸭》在台湾风靡一时，甚至造成各县市的模仿跟风[16]，周边营销引发不少争议，包括摊贩在旁贩售小鸭活体与民众拍照，拍后随手当成垃圾丢弃[17]，更有夜市的果汁摊贩用活小鸭招揽生意，推出拍照一次十元，购买果汁可免费照相的手法，小鸭瑟缩在摊位上，想要睡觉时还会被抓去冲冷水强迫"清醒"等。[18] 此虽非霍夫曼"原作"直接造成的动物伤害，却再次提示我们，当代装置艺术的意义，不只来自艺术家初始的创作概念、创作过程时的取材来源与手法，也同样涉及后续展出时，观者（自然也包含整个展出活动时周边应运而生的摊贩）的参与所构筑出的讯息。《黄色小鸭》如果向世界倾诉了什么，想必不是"请关怀海上漂流物"这样的主题，相反地，它的话语来自那些冒着雨、撑着伞、不畏寒流也要去和小鸭合照的人群，是小鸭底下那些如织的游客和小鸭共同组合成的画面。当小鸭的尺寸以一种大佛的姿态被呈现，那些如同信众般远来"朝圣"的游客，正是"协助"完成作品，不可或缺的一部分。这诡异的"小鸭大神"与渺小群众相遇的画面，方是《黄色小鸭》的全景。

诸如《黄色小鸭》这样的作品，最常被质疑的大概就是"这算是艺术吗？"把一个洗澡玩具无限放大，它就变成艺术品了吗？但小鸭的魅力或者意义究竟何在，或许可以从霍夫曼一系列的巨大化动物作品当中看出一些端倪。事实上，巨大化的动物形象一直是霍夫曼的代表作，较知名的至少包括《巨型兔》（ *The Giant of Vlaardingen* ，2003）、《胖猴子》（ *Fat Monkey* ，2010）、《大黄兔》（ *Stor Gul Kanin* ，2011）和《慢蛞蝓》（ *Slow Slugs* ，2012）等。[19] 他认为，尺寸的改变，将重新启动人看待事物的方式："你每天都看到它们且通常不会感到惊讶，但是当它们的尺寸被放大，人们对于物件的观点也改变了。"[20] 也就是说，意义来自"观点"或者说"观看方式"的改变，如同阿兰·德波顿（Alain de Botton）和约翰·阿姆斯特朗（John Armstrong）[1] 引用美国艺术家贾斯培·琼斯（Jasper Johns）《彩绘铜器》（ *Painted Bronze* ，1960）这个作品时所分析的，当这个用铜铸的啤酒罐被置放在展示厅或照片中，我们就是会比正常情况下更注意这个啤酒罐的形状和外观。艺术改变了我们与习以为常事物的距离，它"违逆我们的习惯……我们之所以对这些事物视而不见，原

1　台湾地区译名分别为艾伦·狄波顿和约翰·阿姆斯壮。

因是我们认定自己早已对这些东西熟悉到不能再熟悉的地步——但艺术却借着凸显出我们可能忽略的一切,而傲然推翻我们的这种偏见"[21]。换言之,尺寸的放大最重要的意义来自,艺术家让你无从回避,用巨大化的作品让你不得不"看见",或者可以说,他放大的其实是人与作品"相遇"的机会。当你看见并且与作品相遇,也就是重新思考艺术与人、艺术与环境、艺术与自然、艺术与文明等复杂交错关系的起点。

有趣的是,霍夫曼对《黄色小鸭》做了一个饶富哲思的声明,他表示自己是透过"'挟持'人们所熟悉的公共空间,暂时改造它,让它变得不一样。……与其展示胶鸭,他其实是想借由它的现形,'向世人展示他们所处空间的真正样貌'——就在他'取走胶鸭'时"[22]。原本熟悉或者视而不见的公共空间,因为小鸭的出现而被群众在意,这样的空间改造与"挟持",甚至连带牵动着那些并不在小鸭巡回路线上的城镇,花莲"在地化"的红面番鸭和红面小鸭就是最好的例子。粗糙的仿拟背后,是一种"欠缺"——尽管这个欠缺可能是基于观光收益考量而产生,但番鸭群的出现,无疑是一种对公共空间的改造与变化。黄色小鸭的出现扰乱了原有的空间秩序,熟悉的事物与环境被陌生化,从而改变了我们的视觉经验以及与空间互动的方式。小鸭被投注以拟人化的情感——展出期间新闻媒体和民众都常以一种对待"真实动物"的描述方式谈论小鸭,无论是基隆小鸭在 2013 年 12 月 31 日突然爆裂后,大家对其"死因"的反应,或台风来临前形容小鸭消风避难,甚至在高雄展览结束时,还有数万名游客依依不舍地到光荣码头为小鸭"送行"。[23]但小鸭不可能永远都在,当巨大化的黄色小鸭离港之后,我们如何看待小鸭离开所产生的"空缺",才是改变的起点。如果在赶热潮、拼营销之外,有更多游客把这份对小鸭的关注,移转到原本的公共空间,以及对和我们共享环境的那些真实生命的在意，那么黄色小鸭的离开，才能开展出更多丰富的意义。

不过，围绕着纸熊猫和小鸭的争议，主要仍集中在商业营销与作品理念之间的交互关系[24]，而这个部分或许并非艺术家和策展人所能控制，前述贩售"真实"黄色小鸭的状况就是一例；但作品本身对真实环境／生命造成的伤害风险绝对可以考量。纸熊猫和黄色小鸭毕竟都是人造物，贩售小鸭活体是周边营销管控不当的问题，与作品本身不具直接关系，若作品本身涉及真实动物（包含动物活体与动物尸体）的使用，问题将会更为复杂。

伦理的思考：当代艺术中"真实动物"之使用

在当代艺术中，因使用动物活体而引发争议的例子可说不计其数。这些作品中，有的直接造成动物死亡，例如智利裔丹麦艺术家马可·埃瓦里斯蒂（Marco Evaristti）的作品《海伦娜》（*Helena*，2000）把活金鱼放在插电的果汁机内，挑战观众会否按下开关，而并不意外地，确实有观众这么做；有的则是对动物身体造成伤害，如威姆·德渥伊（Wim Delvoye）的《刺青猪》（*Tattooed Pigs*, 2004），是 2004 年开始的一项"艺术农场"计划（ART Farm），他将圈养在中国的一群小猪，纹上知名品牌商标、迪斯尼卡通人物等图案，之后再予以宰杀并将猪皮冷冻，运到比利时用框架固定猪皮为最终的成品，亦有部分直接做成标本[25]；有些则是直接展示动物活体，并于展览期间造成生物死亡，例如中国艺术家黄永砅《世界剧场》（*Le Théâtre du Monde*，1994），将蛇、蜘蛛、蜥蜴、蝎子、蜈蚣、蟑螂等生物，并置于一个空间中，任其自生自灭。[26]

与前述两个作品的不同之处在于，它是少数因为虐待动物争议而曾经被取消展出的案例。此作品原定 1994 年在法国蓬皮杜文化中心（Centre national d'art et de culture Georges-Pompidou）展出，但展览许可被巴黎警察局拒绝，最后展场只保留了空笼子、抗议书、蓬皮杜中心的回函和留言本供观众表态。[27] 由此亦可看出，当代艺术中的动物利用，一直是踩在道德的模糊地带、引来许多正反两极看法的现象。

娜塔莉·汉妮熙（Nathalie Heinich）曾对黄永砅《世界剧场》在法国引发的争议进行专文讨论，有趣的是，该文指出正反两方的辩论重点，几乎都聚焦在"道德"与"创作自由"——抗议《世界剧场》展出者，立基于虐待动物的事实，这也是最后巴黎警局拒绝展览许可的主要依据：展场环境不利所展示的虫类之需求，且在空间过于有限的状况下，每种动物无法获得各自的活动范围。蓬皮杜中心的回函则认为抗议者将动物关怀凌驾于艺术自由之上，强调"艺术本无涉道德良知"。双方所诉求的根本不是同一个价值规范，自然也很难从中协商出共识。但是支持者所提出的准则——"创作自由"以及"以象征意义为名证成某行为的恰当性"[28]——相当值得注意。当使用真实动物进行展出成为当代艺术习以为常的手法时，创作自由及其界线也就成了无法回避的问题。我们该如何看待某些以暴力化形式宣称表现生命的作品？这中间该如何权衡拿捏？创作自由又真能无限上纲吗？它们是这些艺术作品共同交织出的，复杂难解的命题。在此并非要以道德的规范直接予以批判，而是希望透过当代艺术中诸多以不同形式使用动物元素的作品，试图寻找一个将伦理、道德、美学与意义等规范都置入考量后，诠释的可能。

虽然中外涉及真实动物（含活体与尸体）使用的艺术作品数量相当庞大，难以一一析论，但动物在这些作品中，多半被视为某种寄托"哲理"或"寓意"的符号。差别在于,有些作品纯粹将动物作为工具来使用;有些艺术家则希望借由动物利用,表达人和动物、环境之间的关系,让观者去凝视动物的处境或生命的意义。可以想象的是,当作品直接造成展示动物死亡或伤害时,较容易引发争议,但许多时候,事物不见得都是它表面上的样貌,看似不具伤害性的作品,可能在前置或后续处理上影响了整体生态环境——以蔡国强1994年在日本水户当代美术馆之作品《放生》为例,该展览用了250只红雀,观众可用付费的方式来"放生"一只鸟,展览结束后的百余只红雀则以"放生"的形式赶出馆外。蔡国强说,这些鸟直到几周后才慢慢散去,因为馆内有吃喝和空调,他并表示此作品是对名为"开放系统"(*Open System*,1994)的展览之反讽[29]。虽然红雀在馆内受到照顾并提供了食物,但放生鸟对环境具有一定影响,无论红雀是如何取得,将数百只红雀直接放生到馆外,无论就当地整体生态环境的考量,或个别鸟只的存活而言,皆不会是太正面的影响。[30]

至于那些宣称具有凝视生命(或死亡)意味的作品,也未必就具有更丰富的意义。吉欧凡比·阿洛伊(Giovanni Aloi)就如此批评黄永砅的《世界剧场》:

如果艺术之美一部分来自于它有独特的能力可以用多层次的、有创造力的、原创的方式捕捉许多系统之间的复杂关系,那么黄永砅的《世界剧场》无疑的既不尊重其中涉及的动物生命,在传递复杂的概念上也显得相对贫乏,而艺术家原本是大可以选择其他更成熟更有想象力的做法来传递这些概念的。[31]

诚然，传递理念并不见得需要动物活体，而可以透过其他"更有想象力"的做法。以下将分两个方向说明这样的想法。先就使用动物活体或动物尸体引发争议的作品切入讨论，再以若干模拟动物为元素的作品，思考伦理究竟该如何介入艺术？又如何或是否能够协商出彼此同意的可能。

动物活体在艺术作品中的使用

在使用动物作为元素的当代艺术中，最常直接引发争议甚至冲突的，就是制作或展示过程直接造成动物伤害与死亡，或有明显暴力意味的作品，前述黄永砯的《世界剧场》即属之。台湾艺术家朱骏腾亦曾因《我叫小黑》(*My Name is Little Black*, 2012) 这个作品引起讨论，该作品使用八支喇叭环绕八哥鸟"小黑"，以十五秒一次的频率轮流播放不同语言的"我是小黑"，借以表达台湾人的认同问题。展出后部分观众质疑这样的作品有虐待动物之嫌[32]，引发正反两极的意见。平心而论，此作品对小黑所造成的声音或灯光干扰，仍在控制之内[33]，亦未直接造成危及展示动物生命的后果。对动物活体之展示进行监控并考量展场各项软硬件可能造成的干扰，是从动物福利的面向进行思考[34]；但更极端的立场则是，从根本上就反对动物活体在艺术中的使用。如同王圣闳所指出的，虽然这样的态度常被误解为"极端动物权的伸张"，但真正的重点在于：

> 如果说，生命就是一种没有终极成果的纯粹活动，一种纯
> 粹的存有；生命本身就有其丰沛厚度与至高的优位性，那么，
> 任何希望置入生命、讨论生命、指涉生命的艺术创作，都必须
> 思考"如何在不减损与异化的前提下，创造性地表达它"——

除非这种减损本身带有强烈的自反性（如谢德庆极端非经济的自我耗损），从而彰显人决断自身生命的高度意识。[35]

在这样的立论基础上，他认为展示生命必然意味着生命被工具化，而工具化本身就是一种对生命的减损。当然，就现实层面来看，这样的声明可能看似过于理想性，毕竟事实就是仍有这么多艺术家曾经或正在使用动物活体展示，并主张动物权或动物福利概念的介入都是对艺术自由的干扰或泛道德的论述。但这种极端的反对主张，却可以让我们重新反省"活体生命被艺术使用的必然性与必要性"，尤其如前述的，当创作自由或"以象征意义为名证成某行为的恰当性"被无限上纲时，艺术反倒可能因为失去界线，减损了生命及艺术自身的重量。

其实在《我叫小黑》之前，朱骏腾还有一个甚少被提起的旧作《生命的节奏》（*Rhythm of Life*，2006），是在影片中用倒带的手法，把被斩杀并剁成肉泥的金鱼"还原"为水中的金鱼。但这个表面上看似"创造"生命的过程仍不免带来下列质疑："作品是如何表达暴力的？它为暴力的行为下了什么定义？如果被屠杀的不是一个生命而是其他的东西，它还会使人不安宁？如果影像是在一个渔场或超市里拍的，那么它是否能够表达同样的暴力与残酷？还是因为我们对家庭宠物的认识与熟悉使我们会对这样的行为反感？"[36]艺评指出这个作品"玩弄着影像的真实性和观众长久以来把影像视为事实的习惯，也对这两者作了不同面向的批判与反省"[37]。但批判和反省影像真实性需要以生命为代价吗？美学是否足以成为绝对的正当性？而且，无论是黄永砯或朱骏腾的作品，在讨论时都罕见支持者"为真正的美学论题、作品的美，提出辩护，也没有为该作品何以在当代艺术中具有重要的历史地位提出解释"[38]。也就是说，这些作品的价值多半被置放在哲学而非美学的范畴，如蓬皮杜中心为黄永砅进行的辩护："黄永砅题名为《世界剧场》的作品，其主旨是从哲学的角度来象征世界上各种族群之间、文化之间及宗教之间彼此和谐的必要性……中国艺术家黄永砅所设计的动物园里面的虫类，在展出期间需要学习互相包容。"[39]或是前述洪伟对朱骏腾作品的评论，认为如果让鸟笼象征人的不自由，"让观众自己得以成为艺术与实验的一部分。便可依循上述三种景框的路径，而展开以下这些由艺术品与其理念、意义所召唤的反思……在这种景框中，观众的生命开始得以流进'我叫小黑'的艺术意义里"[40]。但是，意义的召唤不必然要透过活体生命的"在场"才能完成——尽管艺术家常以"对人性的思考和反省"作为暴力和极端手法的理由，如前述的《海伦娜》。但如果一切虐待生命的手段都可以被合理化，成为挑战禁忌的"创举"，那么失去了边界与底线的艺术，也将丧失它原本可能召唤的省思。

这样的观点绝非动物保护者一厢情愿的想法，而是越来越多艺术家与学者反省的议题。周至禹在讨论艺术的禁忌时，对于艺术家在自然环境中杀牛宰羊、虐待动物，甚至吃死婴等极端的挑战行为，就相当直接地表达了反对立场："也许有人会认为，在当代艺术中不存在禁忌，或者说对艺术家来说，没有任何道德与禁忌的约束可言。但是，在一个良性运行的社会里，在给艺术以广阔的发展空间下，也需要尊重禁忌的合理性，因为禁忌也是人类文化的一部分。"[41]过去这类认为艺术应该有其行为底线的声音，常被批评为传统守旧，或被反驳为标准不一致的道德伪善，认为这些让猪文身或是宰杀经济动物的"行动艺术"，与人们平常对待经济动物的方式并无不同，甚至这些动物在被宰杀前可能还受到更好的待遇。但如同本书中一再强调的，一件事的不合理并不能抵消另一件事的不合理，人们日常对待经济动物的残酷，并不会使得宰杀这件事在所谓的行动艺术中就变得更加理所当然或更道德。

由这样的角度来看，对艺术作品道德底线的捍卫，或许反而是对艺术抱持着更多期待与想象的态度，如同王圣阂所提出的，动物活体展示在任何情况下都不属必要，是因为"批判'使用活体动物于艺术展演之中'的真正论述基础在于：'相信艺术总是有各种替代方案'；因为当代艺术最有趣也最值得期待的地方，或许恰恰在于它能绕过既有议题窒碍难行之处，找出使问题获得新生、另辟蹊径的偏行路线"[42]。替代方案的思索并非妥协，恰好相反的是，它不但同样具有复杂的隐喻可能，又不致因伤害生命的道德争议减损作品本身欲达到的思考纵深。以台湾艺术家袁广鸣的《盘中鱼》(*Fish On Dish*，1992）和《笼》(*The Cage*，1995）为例，同样以金鱼和笼鸟作为象征符号，表达某种生命没有出口的困局，但他以投影的方式而非动物活体去表达这样的概念，投影的高度拟真效果让栩栩如生的金鱼宛若"在场"，对他来说，"影像的存在即为真实"[43]，观众的参与也未必要真实动物的存在方能达成。他的另一作品《飞》(*Fly*，1999），是透过一个设计成钟摆的电视，里面有鸟的影像，当观众用力推动电视，鸟就会飞出荧幕边框，空间中并会发出鸟声[44]，但这样的"飞翔"依然是个假象与困局。生命的没有出路、创造及超越的可能，不必透过实际的杀戮或囚困，依然能够透过艺术表达。

反之，透过暴力的死亡所完成的作品，固然具有震撼、不安而逼使观者思考的效果，但亦如阿洛伊所质疑的：

> 首先，如果是要利用动物的死亡来思考，到底是要用来思考什么，是思考人类对死亡或权力等问题的执迷吗？那真的非

要用动物不可吗？又一定要用杀死动物的方式来进行吗？尤其当艺术家合理化作品的正当性时，往往都是大同小异地点出"人类的伪善"——当这些动物不是为艺术而死时，这些动物同样也会死，却不见得有人关心——这种重复的"反思"还需要一再上演吗？[45]

阿洛伊提醒了我们："若为了人类所关怀的议题或艺术家自己所在意的事，就在作品中利用动物来作为隐喻，那么就只是用动物来达成人类的腹语术。"[46]如大卫·史瑞格里（David Shrigley）《我死了》（*Je suis mort*, 2007）中那只拿着"I'M DEAD"标语的黑白猫标本，莫瑞吉奥·卡特兰（Maurizio Cattelan）《无题》（*Sans titre*, 2007）中嵌在美术馆墙中，没有头的马[47]，或是《自杀的松鼠》（*Bidibidobidiboo*, 1996）中无力地倒卧在桌上，地下放了一只手枪的松鼠，《不怕爱》（*Not afraid of love*, 2000）中令人联想到三K党，全身用白布覆盖只露出眼睛的小象标本等[48]，这样的画面在感官上无疑具有强烈的震撼效果，但某种程度上来说，它们也都是典型的"人类的腹语术"。

卡特兰于2011年的回顾展《全部》（*Maurizio Catteln : All*），就颇能体现这些作品彼此之间的关系。他将历年来的123件作品都以悬吊起来的方式展出，刻意让博物馆的墙和地板都空着。这是他典型的一种挑战方式，带点恶作剧意味地挑战组织与规则，他在此挑战了一般严肃的、正式的展场空间，选择把自己的作品一件件挂起来，像是待晾干的衣服，这异于常态的展出方式透露了他一贯的对权威的不信任，也是他从20世纪80年代崛起以来的风格：对官僚体制、政治、宗教、社会成规乃至艺术本身的批判。迈克尔·威尔森（Michael Wilson）认为，卡特兰不只是一个对一切都不屑一顾，或只是想吸引注意力的艺术家，例如当《全部》把作品都吊起来的时候，这种对于终结、绞刑的暗示透露了他始终在意的主题是生命的荒谬与死亡的无可避免[49]，但无可否认的是，动物在此仍然是表现概念的手段而非目的本身。透过某种对生命施以的暴力，让观者产生心理上不愉悦、不舒服的感受，这样的形式会不会成为某种概念的"捷径"，变成理所当然的结果？在这样的状况下，这些所谓的"颠覆"或"反差"，会不会因为太过轻易而显得薄弱了？这些是必须再更深入思索的课题。

拟真动物在艺术中的使用

另一方面，如果使用这些动物元素，是为了动物或者自然本身，那么，少数的"牺牲"或许可以换来民众对于生命和自然环境更大程度的关注？或者反之，这样的做法让议题被作品本身消耗和减损了？以蔡国强《九级浪》（*The Ninth Wave*，2014）为例，这个作品将九十九只看起来"奄奄一息"的模拟动物放在一艘船上，沿着黄浦江航行到上海当代艺术馆展出。他表示此作乃是表达对环境议题的关注，尤其受到2013年黄浦江上漂浮上万头死猪的新闻影响，"船上九十九只动物在惊涛骇浪中显现出的疲态触动着每个人的心灵，从中引发人们对人与动物、人与世间万物关系的思考。该作品与现代文明形成鲜明对比，呼吁社会关注环保与生态，展现了对自然的关爱与责任"[50]。

事实上，拟真动物一直是蔡国强常用的艺术元素，代表作如悬挂着九只万箭穿心老虎的《不合时宜：舞台二》（*Inopportune: Stage Two*，2004）、以九十九只狼撞向透明墙的《撞墙》（*Head on*，2006），以及同样用九十九只包括长颈鹿、熊猫、老虎、斑马等动物一起在水池饮水的

《遗产》（*Heritage*，2013）。上述作品与《九级浪》都是以实体大小、类似标本的形式呈现，差别只在于蔡国强使用的并非真实动物标本，而是以羊毛再制的"类标本"[51]——他请了一群标本专家进行协助，但是"要求这些专家从原本做标本的概念解放出来，同时又能够发挥他们原先的优点"[52]，也就是不要刻意追求准确性，否则就真的成为标本展示了。

《不合时宜：舞台二》和《撞墙》，仍偏向一般以动物作为寓言手法的形式，《不合时宜：舞台二》将文明的暴力和自然的野性对峙[53]，透过虐杀带来的不安，表现对英雄主义的怀疑[54]；《撞墙》则是蔡国强自己相当满意的作品，他认为"关于自己的政治背景，文化意涵或是人生哲理，都被翻译成为这件艺术作品，就像诗一样，我所想说的、我所喜欢的，都在里头了。……作品呈现的是狼，其实说的是人，这样的感觉也很好"[55]。相较之下，《遗产》则和《九级浪》一样，清楚地宣示作品与环境议题的高度相关，所有动物仿佛安详地聚在一起低头喝水的场景，展现了某种不合理但和谐的画面。无可否认，这些实体大小的模拟动物，会因其"栩栩如生"的形象而引发观者对真实动物的联想，一整船看似奄奄一息的动物，也就产生了某种介于死生和真假之间的吊诡性：看起来正在死去的动物，意味着它们（像是）活着，但它们其实早已死去；只是真实的死亡（提供毛皮的动物之死）在此却是隐匿的，它们的死亡是为了提醒观者，那些它们所仿拟的动物如熊猫或北极熊，在真实世界中的即将死去。生与死、真与假在此产生了多层次的辩证关系，具有一定的意义。但需要进一步思考的是，如果我们所关注的议题恰好是这些动物元素背后的真实世界，那么，是否有其他比运用毛皮模拟更好的选择？相信答案是肯定的。

运用羊毛制作模拟动物，和前述使用或甚至虐杀动物活体，或如达米恩·赫斯特（Damien Hirst）直接展示泡在福尔马林中的鲨鱼标本的《生者对死者无动于衷》（*The Physical Impossibility of Death in the Mind of Someone Living*, 1991）等作品比起来，显然更"温和"又较不具争议性，毕竟羊属于经济动物，原本就是人类豢养和利用的对象。但另一方面，对于观者而言，展品素材的来源、制作过程等细节，需要有心深入了解作品才会注意到；对大多数人来说，作品直接引发的感官冲击，无疑还是其尺寸、颜色都逼真如实物标本的形象。那么在某种意义上来说，这样的"类标本"其实仍旧召唤着与"标本"类似的情感及想象——如果模拟的结果是如此栩栩如生，又具有与真实标本同样的外观和质感，那么对多数观者而言，它直接产生的效果就与标本无异。而标本与类标本，除了前述那些"逼视生死"的说法之外，它所能启发的想象空间其实是相当有限的。尤其当我们以一种动物的死（尽管它可能是再平常也不过的经济动物），去呼唤对于其他生物的生之关注时，反倒会因其内在的悖反意义而减损了作品可能开展的多重性。

简言之，当代艺术固然不必都需要担负起"艺以载道"的重责大任，但是当它确实尝试思考人与自然、人与环境的互动关系时，其取材的来源、手法、展出的方式和结果，就应视为整体生态环境的一环来进行考量。某些宣称以关怀环境或动物为出发点的作品，其使用的素材仍然需要进行更全面的检核，方能避免表面上的善意实则仍是消费与伤害。举例来说，日本艺术家亚希以 3D 打印技术为寄居蟹造壳，但寄居蟹身上背负的是华丽与全透明的、世界知名城市的建筑造型。其作品虽然可引发民众关注寄居蟹无壳可居的议题，但这些透明与形状奇特的壳，却也引来是否会影响寄居蟹存活，使它们更容易被掠食者捕获的忧心。[56]

因此，当艺术家希望能透过作品召唤大众对环境或生态的关心时，若能将动物元素的利用减至最低，不仅可避免动物利用带来的剥削或伤害等质疑，它所能产生的意义反而更加丰富。举例来说，徐冰《烟草计划》（*Tobacco Project*，1999—2011）这个系列当中的《虎皮地毯》（*1st Class*，2011），由五十多万支香烟插制而成，无论纹理、颜色、质地都宛如真实的虎皮地毯，徐冰表示这个系列作品是希望"通过探讨人与烟草漫长的、纠缠不清的关系，反省人类自身的问题和弱点"[57]，因此，"虎皮"与"烟草"同样指涉了全球贸易对生命、环境造成的伤害，却以更幽微和婉转的方式进行联结，众多与烟草相关的作品遂共同交织出看似各自独立、互不相关，又彼此含摄的对话关系，前述卡特兰想表达的"生命的荒谬和死亡的无可避免"，无须透过真实虎皮标本，依然可以成为这个作品所衍生出的思考方向。[58] 又如英国艺术家班克斯（Banksy）的作品《羔羊的警报》（*Sirens of the Lambs*，2013）曾以一台运载着60只绒毛玩偶的屠宰场运输车，在纽约的大街小巷中行驶，玩偶们一路发出哀嚎和冲撞围篱的声音，虽然很多路人是以有趣的表情看着这个怪异的组合，但是这些玩偶反而凸显了人与动物关系的某种矛盾性——我们可以一方面把猪、牛、羊、鸡这些经济动物卡通化，制作成可爱的商品，但这些动物在真实世界中处境的不堪，多数人却又视之为理所当然地集体沉默着。因此，玩偶的可爱和突兀感，反倒加强了这个作品的反讽性，可以想象，如果班克斯是以模拟的类标本形式去处理这样的题材，反而会因为模拟动物与真实动物的过于近似，而失去那种因为距离、因为"不够像"、因为"明知它不是真的"，所延展开的艺术、想象与思辨的空间。

除此之外，艺术的模拟也不必然要是实体形象的模拟，法国艺术家埃里克·萨马克（Erik Samakh）的声音装置艺术，就是以听觉介入空间，并创造人与动物共生之模拟氛围的作品，其中《电子青蛙》（*Grenouilles*

Électroniques, 1990）这个作品，以十二组会感应温度、湿度和动作的声音模块构成，由于模块相当敏感，因此在靠近时蛙鸣声可能会像真的蛙鸣一样减弱或消失。"它所创造的幻影是如此的引人联想，因此有些人甚至会信誓旦旦地向你声称，他们的确见过这些青蛙。"[59]真实青蛙的"不在场"，反而制造出另一种"在场"的可能,以及让观者产生了"想象／想要让它们在场"的欲望。有趣的是，萨马克后来做了一个"介入性"更强的作品《声音制造者》，是把竹子搭建在青蛙生活的场域，保护其不受鸟类袭击，如卡特琳·古特所指出的，其"作品的本质愈来愈倾向于多面向生态系统的创造。艺术家较不关心自己特异独行的表现方式，而关心这个影响我们及动物的过程，以及我们如何生活在同一星球上"[60]。艺术的魅力在于拥有无限的可能性，对于我们所共同生活的这个星球，艺术家以各种独具特色的形式带领观者去凝视、倾听与思考；如何在生与死、真实与虚构之间，创造出在观念上、美学上、伦理上都同样具有价值的景观，是当代艺术最值得期待之处，而这样的位置，相信不必然总是需要透过暴力与伤害才能抵达。

有力量的艺术作品，必然能与生命、世界、人心对话

对于当代艺术的想象，始终处于流动中的、没有定论的状态。艺术是否需要，以及如何介入行动？一旦意识形态和行动理念介入作品，艺术和社会运动之间的界限又该如何区隔？这些都是讨论当代艺术时常见的问题。动物活体在艺术作品中的使用，毫无疑问必须将动物福利纳入考量，但若更进一步地去探究使用动物活体的必要性，将可发现这些作品其实多半没有非采用动物活体不可的理由，而动物活体召唤的生／死联想又可能过于

直接，除了达致某种震撼与挑战的效果之外，这些作品所能提供的诠释空间，或许反而比不上使用其他替代方式来表现动物符号的作品。

事实上，美学与伦理、观念与实践不必是对立的，全有全无式地认为两者之间必然要进行取舍，是缺乏想象力的结果。任何艺术形式与观念，都绝对有另外一种殊途同归的实践途径。如同蔡国强所言：

> 所以永远都要相信，最终都会回到作品本身。因为艺术家会死，解释作品的人也会死。……经常有人会从文化冲突、中国典故、新殖民主义等角度议论这些作品，但这些最后会被忘掉。几十年后这件作品还持续存在，人们又会从另外的角度来解释这件作品。[61]

艺术终究要回到作品本身，它不见得需要置入保育理念，但一个有力量的艺术作品，必然能与生命、与世界、与人心对话。如何用更具开放性、想象力、不必伤害生命的手法，去完成几十年后仍然能被留下的，拥有多重意义可能并具讨论性的作品，方是艺术之所以为艺术，最动人、最具魅力也最值得期待之处。

相关影片

○《探访当代艺术：从街头到艺廊》，莱勒斯·格雷迪导演，2017。

○《艺数狂潮》，丁惟杰、黄彦文、陈伟导演，2017。

关于这个议题，你可以阅读下列书籍

○阿兰·德波顿（Alain de Botton）、约翰·阿姆斯特朗（John Armstrong）著，

张帆译：《艺术的疗效》。桂林：广西美术出版社，2014。

〇卡特琳·古特（Catherine Grout）著，黄金菊译：《重返风景：当代艺术的地景再现》。上海：华东师范大学出版社，2014。

〇卡特琳·格鲁（Catherine Grout）著，姚孟吟译：《艺术介入空间：都会里的艺术创作》。桂林：广西师范大学出版社，2005。

〇塞琳·德拉佛（Celine Delavaux）、克里斯汀·德米伊（Christian Demilly）著，陈羚芝译：《当代艺术这么说》。台北：典藏艺术家庭，2012。

〇克莱儿·毕莎普（Claire Bishop）著，林宏涛译：《人造地狱：参与式艺术与观看者政治学》。台北：典藏艺术家庭，2015。

〇唐·汤普森（Don Thompson）著，谭平译：《疯狂经济学：让一条鲨鱼身价过亿的学问》。海口：南海出版公司，2013。

〇埃莱亚·鲍雪隆（Éléa Baucheron）、戴安娜·罗特克斯（Diane Routex）著，杨凌峰译：《丑闻艺术博物馆》。北京：金城出版社，2015。

〇托比·克拉克（Toby Clark）著，吴需恩译：《艺术与宣传》。台北：远流出版，2003。

〇莎拉·桑顿（Sarah Thornton）著，李巧云译：《艺术家的炼金术：33位顶尖艺术家的表演论》。台北：时报文化，2017。

〇周至禹：《破解当代艺术的迷思》。台北：九韵文化，2012。

〇高名潞：《世纪乌托邦：大陆前卫艺术》。台北：艺术家出版，2001。

〇张朝辉：《天地之际：徐冰与蔡国强》。北京：Timezone 8，2005。

〇蔡青：《行为艺术与心灵治愈》。北京：世界图书北京出版公司，2012。

〇黄宗洁：《伦理的脸：当代艺术与华文小说中的动物符号》。台北：新学林出版，2018。

8
被符号化的动物

动物『变形记』

机器、人与生命的新局面

身处"人机合一"的科技时代，我们与机器之间的紧密关系，已促使不少领域都开始用不同的眼光，深入思索在这个大数据年代，人与他人、人与机器，以及人与环境之间关系的变化。雪莉·特克尔的《群体性孤独》，就透过访问与观察众多机器宠物的使用者，讨论人类在创造出这些"够像有生命"的诡奇之物后，如何松动了传统的爱与道德的界线，这暧昧的边界又将带来什么样的冲击与挑战。书中许多孩子描述与对待他们电子宠物的方式其实颇耐人寻味：一只名叫查克（Chuck）的宠物鼠"珠珠"（Zhu Zhu）的官方传记上面写着："他活着是为了感受爱。"[1]而无数照顾过"电子鸡"（Tamagotchi）或"菲比小精灵"（Furby）的孩子，都坚持自己照顾的那只电子宠物死去之后，按下重设键所冒出的新宝宝，不再是同一个宝宝，他们所依恋的，是和他们分享过同样的经历、学过某些词汇，有它独一无二的"生命记忆"的那一个。或许有些令人讶异的是，虚拟宠物之死带来的哀伤与失落，也可能与真实生命无异。

于是，这些虚拟生命带来了新的道德标准。孩子们必须建构出属于他们自己的哲学观，试图解释真实生命与虚拟生命之间不时纠葛与矛盾的复杂景观。一个孩子在电子鸡墓园中写下这样一段动人的话语："我的宝贝在熟睡中过世，我会哭一辈子。他的电池没电，如今住在我的心田。"另一个孩子比较了电子狗"爱宝"（AIBO）和人，以及和他的真实宠物仓鼠之间的差别，他说："爱宝身上的电就像人身上的血……人和机器人都有感觉，只是人有比较多的感觉。动物和机器人都有感觉，但机器人能表达的感觉比较多。"因此当他遇到困难，他会选择和他的仓鼠而不是和爱宝说，因为爱宝虽然比较会表达，但"我的仓鼠有比较多的感觉"[2]。

为数码装置哀悼看似荒谬，但这些既提供陪伴也同时"索求爱"的计算机，显然将人与机器、人与生命的关系带入了新的局面。关于如何对待机器的道德伦理之思考，亦势必直接挑战我们过往看待"生命"的态度。[3]因此，在文学艺术等作品中，大量出现人与机器、生物混种的主题并不令人意外。"这样的后人类景况（post-human condition）可以是聚焦于一种人类与机器的杂交趋势；也可以是一种复返到异体生物之间的混种样态。"[4]艺术家黄赞伦一系列的作品,就颇能展现对于人／机器／生物之间混杂的生命形态与伦理关系之想象。

黄赞伦的"混种"系列始于2012年的《DAVID──练习者》(*DAVID*, 2012—2013)[5],他以仿皮草、机器、玻璃纤维等材质,打造出一尊具有真实感的"羊男",被禁锢在透明亚克力墙中的他,只要有观众经过就会用头去撞击墙面。黄赞伦将西方神话中身为农业与自然守护神的羊男称为"练习者",借此强调"他要练习怎么当个人",并透过头不断撞击墙面的行为,探问"人类若创造出具有智慧的生命体,他们是否情愿接受人类赋予他们的姿态或责任"之伦理议题。[6]在《DAVID──练习者》之后,他持续这个"流变为动物"的系列创作与混种精神,于2015年举办个展《流变为动物 II──怪物》(Becoming Animals II—Monsters),其中鹿头女体的《安妮》(*ANNIE*,2013)口鼻中套着没有接上氧气管的人工急救呼吸袋,只要有人靠近就会大口喘气,其造型灵感来自中药材"龟鹿二仙胶",提醒观者被视为珍贵药材的龟板与鹿角,是来自人对龟、鹿生命的掠取[7];并透过"让人的肉身躯壳成为'异体移植'的基底,使得作品的形体造型与影像成为跨种的人类,再次提出重新思考人性与人类本质的议题"[8]。2017年,他举办《不曾到来的未来》(*The Future That Never Comes*)个展,延续并拓展了机器／自然／人之间的"混种伦理学"之思考,其中人头马身的《摇摇马》(*The Coin Operated Rocking Horse*,2016),每15分钟会举起手中武器对着观众;《控制》(*Control Freak*,2016)则将真实马的形象与机械融合,延续过去创作中模糊真实肉身与机器之间界线的企图,创造生命的混杂样态。该次个展中鲜明的战争意象,也提醒了观者反思人类利用其他生物作为战争工具的历史和未来。[9]

有趣的是，此种"流变为动物"[10]的概念看似新颖，却反映了历史悠久的欲望。如本书第六章所述，17世纪的输血实验，之所以有部分的兴趣是聚焦在思考输血是否会令受血者变得更接近输血者，就与人类对变种动物的迷恋遥相呼应。综观东西方的文化史，都可找到大量混种动物的形象。这或许会让人困惑，如果本书第二章所讨论的，人总是亟欲在人与动物之间"划界"的心态属实，那么同时又向往混种动物的世界，而且还有很大比例是人与动物的混种，不是自相矛盾吗？但这两种看似相互冲突的态度，确实同时影响着人类看待自然与世界的方式，尽管强调人异于禽兽，人具有道德上绝对优位的价值观，始终是人在心理上维持"万物之灵"自我认同的重要途径，但另外那个更接近原初世界的、界线不明的混沌自然，也如同远方的召唤，不时在文学艺术作品中重新浮现。不免令人好奇，这究竟意味着远古的神话思维和后人类的概念产生了接合，抑或它们只是同样有着物种混生的形式，但内在的核心价值仍然迥异？而混种动物的形象无论是在神话传说之中，或是反乌托邦小说里因基因实验而造成的变异，都是为了颠覆将人排除在自然万物外的独尊心态，而形成的一种"越界"吗？我们必须先回到神话的脉络中方能回答这个问题。本章将由此出发，再述及后人类时代的人与动物之混杂流变，分析它们如何在都市传奇、文学作品与日常生活中以不同形貌出现，以及这些作品究竟是焦虑心理的呈现，抑或带来新的想象认同可能。

从神话到赛伯格

基本上，神话中的动物形象，反映的是初民与自然的关系，那是泛灵论的思维系统。詹姆斯・弗雷泽（James George Frazer）在《金枝》（*Golden Bough*）一书中，就阐述了早期社会"交感巫术"系统的两个法则：顺势巫术与接触巫术。顺势巫术基于相似律，而接触巫术则基于接触律。西格蒙德·弗洛伊德（Sigmund Freud）在《图腾与禁忌》（*Totem & Taboo*）中，曾对此有颇为扼要的说明："用任何现成的材料来制作一个模像，至于这个模象是否和敌人相像倒是无关紧要的，因此，任何物体都可以'被当成'敌人的模样。随后，无论怎样处置这个模像，都将灵验于那个可恨的真人身上。"[11]同样的，"如果我希望天能下雨，那么我只须做些貌似下雨或者能使人联想到下雨的事情即可"[12]。也就是说，只要我主观认定某物与某人有所关联，透过我的联想和想象之运作，就某种意义上来说，某物就真的成了某人的替代物。

不过，顺势巫术并非都是为了进行诅咒或消灭敌人，也用于预防病痛。若我们想要理解混种生物这种思维的源流，《金枝》当中有不少值得注意的例子，可帮助我们从中找出"关于自然法则的现代观念的胚芽"[13]。以古印度人医治黄疸病为例，就是透过顺势巫术把病人身上的黄色转移到黄色的牲畜或太阳身上，再把健康的红色从一个生命力旺盛的动物例如红色公牛转移给病人。在过程中，会先用黄色植物制成的粥汤涂抹病人身体，并在床脚上绑三只鸟，再向病人泼水，意味将身上的黄疸转移到鸟身上；之后再把红色公牛毛用金色树叶包起，黏在病人皮肤上。[14]这和17世纪输血实验进行的事情，差别在于输血实验对于"转移"的执行，从联想与象征意味浓厚的运作方式改为更直接的"输出和输入"，但严格来说，其中对于身体特质能经由特殊形式进行交换的思维，其实是相当类似的。至于顺势巫术原则下所有的食物禁忌，也都是同样"错误联想"模式运作下的结果，例如马达加斯加的士兵不能吃刺猬肉，因为认为刺猬一遇惊吓就缩成一团的特性，会让吃了刺猬肉的人变得和刺猬一样胆小畏缩[15]；至于接触巫术则是基于"事物一旦互相接触过，它们之间将一直保留着某种联系"[16]的概念，因此，你可以透过伤害一个人的足迹来伤害他本人的脚，此种信念在世界各地普遍被用在猎人对猎物的态度上，他们会用来自棺材的钉子插入猎物的足迹，或是把药物放在足迹上，认为这样这只动物很快会来到眼前。[17]

因此我们可以发现，在泛灵世界的系统中，事物之间的"越界"本来就是理所当然之事，与其说那是越界，不如说那本来就是个混沌的、可以互相穿透的、界线不明的世界。人与自然事物之间的力量，透过交感法则相互转移与共生。唐诺在析论《左传》的《眼前》一书中，就如此描述泛灵世界的思维："人自身的世界疏阔多间隙，奇事奇物不必发生在遥远的某深山大泽之中，像鲁哀公十六年之麟这一头神兽，直接就闯到人的生活现场来；人们也相信龙是一种活着的'生物'，不时有人看见据说还曾经驯养。"[18]他据此指出，所谓"子不语怪力乱神"的不语，并非不信，而是不谈，因为那超越了人理解的范畴。子产的态度与孔子一样，"在人的世界和鬼神的世界划一道界线，人的认知仅能抵达的最终那道界线，把鬼神置放在此界线之外，那是人不可知的、也无望解决的领域；他不好奇不求助，也不说没有不特意抵抗揭穿，大家相安无事就好"[19]。在这样的世界中，所谓两龙相斗的"奇观"，对子产而言就成为一种淡然的日常：既然人天天打成一团也没有龙来看，龙打架我们也没有理由特地跑去看。[20]但慢慢地，鬼神奇兽从人的日常中淡出，人不再那么相信事物之间的联想关系，而更讲究确实的因果逻辑了，但世界的种种不确定感，总会再度让我们不断仿佛"倒退"反挫，回到召唤那虚空中鬼神的年代。[21]而这种不断回头召唤的循环，在不同的时代、文化脉络中都依然有迹可循，也继续被保存在民间传说与艺术创作之中。

19世纪初法国艺术家让-雅克·格朗维尔（Jean-Jacques Grandville）的绘本《另一世界》（*Un autre monde*），就颇能展现出人与自然关系的转变及多重性。格朗维尔不只创造了许多混种、复合与变形的生物图像，故事内容更耐人寻味。在这部虚构的旅游作品中，几位主角上山下海，有各种奇妙的见闻：主角在乡间采集草药时，发现植物们正在秘密组织革命，目的是要抗议卡尔·冯·林奈（Carl von Linné）的分类法，以及人类对植物的嫁接与移植；动物园中展示了神话生物与奇珍异兽，如塞壬女妖、独角兽和各类混种生物，动物学家们还在持续实验将不同物种交配，期望制造出更强大的生物……[22]这些超现实的情节，无不对应着现实世界中对科学研究的狂热，他还自创"动物人狂热"（L'animalomanie）一词，来指称当时法国热衷自然史知识，兴起饲养宠物、逛动物园风气的现象。格朗维尔自己一方面同样着迷于生物结构的观察，但明显跳脱笛卡尔所主导的"动物是没有灵魂的机器"之价值观，在格朗维尔的时代，"自然史逐渐转向生态学，强调各物种之间的共生关联，质疑人类的独特和权威，开启了环境和野生保护的现代概念"[23]。因此其绘本中丰富怪诞的图像，具有承上启下与另辟蹊径的多重意义，一方面透过其中"优雅的怪物性"，改变过往寓言和动物文学中，动物被赋予固定刻板化角色的传统；另一方面，书中所展现的，对于"机器是完美的人类"[24]的赞颂，也与后人类时代人机一体，每个人都是嵌合体（chimeras）机器与有机体组装混种的"赛伯格"（Cyborg）[25]精神遥相呼应。

但是，当混种的概念不只包含生物之间的特质交换或重组，还一并嵌入了机器时，问题将更为复杂。持比较正面的态度看待科学与基因工程者，例如唐娜·哈拉维（Donna Haraway）[1]，会认为人与动物乃至机器在形成组配之际，将会相互适应、共同演化。因此张君玫指出，哈拉维"念兹在兹的赛伯格政治或怪物政治，乃是一种联合跨界异质性以形成更大反对力量的政治"[26]。可以想象的是，并不是每个人都有办法采取哈拉维这种将当代科技视为"以特殊的方式生产了自然（a particular production of nature）"[27]的态度，身体与机器的复合与组装，一方面是一种逾越保守界线的抵抗，但越界所引发的各种焦虑，也始终如影随形。安伯托·艾柯（Umberto Eco）[2]在《美的历史》（*Storia della bellezza*）一书中，就非常精要地描述了人看待机器的矛盾心态：

> 任何延伸并扩大人体可能性的人为构造，都是机器，从第一块磨利的燧石，到杠杆、手杖、锤……人类实际上与这些"简单的机器"合一，它们都与我们的身体直接接触，是人体的自然延伸……不过，人也发明"复杂的机器"，我们的身体与这类机器没有直接接触，如风车、联斗式输送机……这类机器引起恐怖之感，因为它们使人类器官的力量倍增，隐藏其内的齿轮对身体又危险（谁将手伸进一部复杂的齿轮里，都会受伤），尤其复杂的机器仿佛活生生似的，你看见风车的手臂，钟里钝齿状的轮齿，或夜行火车的两只红眼，很难不把它们想成活生生的东西。机器望之半人，或半动物，这"半"就是它们形同

1　台湾地区译名为唐娜·哈洛威。

2　台湾地区译名为安伯托·艾可。

巨怪之处。这些机器有用而令人不安：人利用自己所造之物，却又视其隐约有如魔鬼。[28]

文中"机器望之半人，或半动物"，正是人对所有混种越界状态不安的关键。因此，混杂组装的赛伯格状态，一方面打破了本质论的想象，但由于人对各种不稳定与逾越的状态注定会感到不安，这些对于越界的焦虑感，就反映在各式各样的故事当中。透过创造出新的都市传说，忧虑与焦虑因此找到了宣泄的出口，而另一方面，这些混杂与穿透，也继续不断诉说着跨越边界的想象与混种认同的可能。

神话再现或虚构自然？

基本上，当代人对于自然与人之间混杂越界的认识，既不是史诗片中气势磅礴的神兽人马，也不是豹尾虎齿、蓬发戴胜，宛如《山海经》中西王母那样的人兽共生形象，而是充满了恐惧与不安的"体内动物传奇"。这类故事涉及的动物种类相当多元，发展框架则是类似的，例如某人身体不舒服许久之后，从他的胃中取出巨大的青蛙（原因是生吞蝌蚪），或是其他例如章鱼、老鼠、蛇等不同的动物。生物入侵的原因不一而足，但原则上它们有能力穿透人身上的各种入口[29]，可以看出这与交感巫术隐隐连结之处，不少信仰系统中会有若干护身物或仪式用以保护人体的开口，外星怪物如异形般寄生人体也始终是科幻恐怖电影中历久不衰的题材；至于真实存在于地球的动物，其威胁性透过传闻不断扩散，恐怖感也不亚于外星生物。例如亚马孙河（Amazon River）的寄生鲶会沿着人的尿液钻入尿道的说法，除了不时有举证历历的新闻增加其可信度之外，也是小说、电视剧喜爱的题材，从动物星球频道到电视剧《实习医生格蕾》（*Grey's Anatomy*），都有寄生鲶的身影。这类体内生物的主题，都具有人的完整与主体性被异类入侵与玷污的象征。《都市传奇》（*Légendes urbaines*）一书中就指出，这些故事的共通点在于：“受害者都太接近自然了：她们喝下未经检验的水、睡在草地上、食用野生桑葚……”[30] 因此，它们是人类对于不可驯服之自然的恐惧与敌意之混生产物。

若在都市传奇中寻找动物的身影，将发现就算并非直接入侵人类身体，它们多半也还是扮演着具有破坏力与危险性的角色；换言之，它们的存在本身，就是一种“入侵与玷污”。例如来自外国的“毯中蛇”系列传说，商品（除了毯子之外，这个故事也有泰迪熊版）的原产地从印度到台湾不等，共同点则是来自远方的蛇蛋，透过温度被孵化出来[31]；此外，都市传奇也会有明显的“流行年代”，例如“坐在金龟车上的大象”就流传于马戏团与小金龟车盛行的 1960—1980 年间，故事的焦点在于强调马戏团大象将小汽车误认为矮凳而对路人车子造成的损害，受害者在大象离开后多半会发生小擦撞，如果他表示自己的车子是被大象弄坏的，就会被认为胡言乱语而带去测量是否酒驾。这个故事一方面在开金龟车的玩笑，也具有将大象与车子的力量进行比较的用意。[32] 而无论是卖场里的蛇、造成破坏的大象或是都市传奇中最著名的“下水道鳄鱼”，都隐然暗示着“一个野生的自然之物闯进一座戒备森严的城市，但是城市的管理逻辑却无法拘束野生之物”[33]；换言之，这些故事都指向了人对自然那“惘惘的威胁”之焦虑。

但是，正如同前文所强调的，人们对于自然入侵的越界感，固然会恐惧不安，但对混种生物的迷恋也不曾消失过。也就是说，我们一方面期待疆界分明的秩序，但混沌混杂的原始力量，其魅惑力也不曾稍减，这说明了何以各类神秘动物目击事件同样是跨文化与跨地域的常见主题。先不论雪人或大脚怪、尼斯湖水怪这类结合自然景观的神秘生物传说，在城市或郊区的大型猫科动物目击事件，其实同样是个有趣的现象。这类故事的最初剧本，来自 1988—1989 年法国德龙（Drôme）省的"黑奥维尔野兽"（Fauve de Réauville）事件，当时一位男孩在遛狗时瞥见一头野兽，其后警察发现一枚十二乘以十六厘米的足迹，引发各界骚动。除了禁止在附近狩猎之外，更多的目击资料也纷纷涌入，许多人举证历历表示看到巨兽，但这个神秘动物事件无疾而终，多数人决定相信那应该是山猫的足迹。[34] 类似的故事在世界各地几乎都出现过，其中许多不了了之，继续以传说形式发酵，有些是动物逃逸，有些则已被证实是误认，例如 2012 年一个发生在英国的大型猫科动物误认事件。在该起事件中，一对夫妻在露营时，看见一只狮子，这个消息很快在营区引起恐慌，虽然出动了警方与动物园，试图进行围捕，这只"埃塞克斯郡（Essex County）之狮"仍然神秘消失。但当事件被新闻媒体揭露之后，附近一位饲养了一只大橘猫"泰迪（Teedy）"的民众表示，当时他正好去度假，那只神秘的狮子应该就是泰迪，因为"它是那附近唯一又大又黄的动物"[35]。

但无论是否为误认，神秘猫科动物目击事件，恰好表现了两种相反的情感："失落——对于如今只能透过电视上的野生动物节目才能间接感受其存在的失落——以及威胁（对都市文明疆界的威胁）。"[36] 正因为人们既会对随着都市化而失落的野性自然抱有憧憬想象，又不免有着恐惧，所以对于进犯了都市文明的、"越界"的自然，才会总是持如此又爱又恨的态度。[37] 这是何以猫科目击事件中，普遍会强调这些猫科动物从外地而来，透过"通俗化的诠释创造出在人类社会中一头野生动物所造成的干扰"[38]。于是我们发现，在当代都市生活中，"真实自然"本身就是越界之物，是需要被阻隔与驱逐的存在。

但吊诡的是，在阻隔自然与划界的同时，我们又无法真正放弃自然的召唤，于是透过各种人造物将其重新包装或符号化，反而进一步造成了有机与无机物之间象征意义上的混种共生。吴明益《石狮子会记得哪些事？》这篇短篇小说中，就有一段颇耐人寻味的情节：叙事者从小就好奇着庙前的石狮子为何长得和现实中的狮子不同，甚至造型还有点卡通感。后来解签人告诉他，曾经听过长辈的一种讲法，"据说如果石狮子刻得跟真狮子一样，那么它就会跑走了"[39]。换言之，因为既相信石狮子具有被封印在石雕中的"灵魂"，却又想要封存并控制那灵魂，所以石狮子必须刻得不太像真狮子。但这本身就是一种悖论，如果石狮子因此被创造得根本不像真狮子，失去了被指认为狮子的可能性，它还会有灵魂吗？或者说，石狮已经是另一种被创造的生物，那么它的灵魂自然是"石狮"而非"狮子"，既然如此，它又何必要像真实的狮子？这是何以小说的叙述者认为"也许即使石狮子跟真狮子不像，也是会跑出去的"[40]，因为"那眼睛虽然没有瞳孔，却仿佛有一种火焰般的光流转其间"[41]。那流转其间的，火焰般的光，既是人类用尽全力也阻挡不了的，活生生的自然所具有的强大生命力，也象征着自然经过人类"变形"再造之后的重新"现身"。

边界认同的可能？

虽然随着都市生活模式与自然的疏离，真实自然显得越具威胁性与越被排除在外，但它们仍被各种不同的"人造"形式符号化与重塑，这些人造自然安全无害，它们是当代的混种生物。如果说神话中人与动物混种，是为了汲取自然的力量，那么这些当代城市中的混种生物，则恰好相反地展现出控制与压抑自然力量的意图。因此，动物被可爱化为各乡镇单位的"吉祥物"，从芝加哥乳牛到熊本熊，动物符号不只俯拾皆是，甚至逐渐成为家喻户晓的城市代言人。值得注意的是，近年来，这些图腾的"混种性"愈发强烈，但与城市文化本身的相关性似乎反而逐渐下降或扁平化。

举例来说，美国芝加哥的"乳牛大游行"（Cow Parade）原是一个公共艺术活动，当地选择乳牛作为活动象征，和美国过去中西部农牧业的发展自然有着密切的关系，千姿百态的彩绘乳牛不只丰富了市景，更和城市记忆相连结，"芝加哥历史学会"赞助的"欧列利太太乳牛"，就传神地表达了传说中 1871 年因欧列利家中乳牛踢翻油灯导致全市大火的历史[42]。这项 1999 年的节庆活动，让企业和私人可以赞助，把都市营销、都市观光与公益相结合，许多城市因此起而效尤，形成崭新的公共艺术形态[43]。不久之后，德国柏林选择以熊这个动物图腾为城市代言，举办了大规模的艺术展，进而以之作为和平的象征，广邀各国参与，"世界和平熊"（United Buddy Bears）于焉诞生。[44]其后动物图腾的意义逐渐演变成纯粹的象征符号，不见得与城市本身的历史文化有密切连结，以英国利物浦为例，这个海港城市并无企鹅，却以企鹅作为一种精神象征，在 2009 年举办了类似的彩绘企鹅展。[45]

但无论芝加哥乳牛、柏林熊或是已在世界各国巡展多年，邀请不同艺术家进行大象彩绘与展示，倡导保育概念的"大象巡游"（Elephant Parade）[46]，都还是维持着动物的基本形象；近年流行的"吉祥物的名字"

则逐渐走向更加可爱化、拟人化的方向，甚至成为新时代另类"人兽合一"的混种生物。例如日本熊本县的吉祥物的名字"熊本熊"（くまモン／Kumamon），就是"熊人"之意，但熊本县其实无熊，之所以选择用熊来当成吉祥物，是基于地方名称的相关性，而非一般吉祥物逻辑中较常采用的地方特产路线。而熊本熊作为全日本最成功与最具代表性的城市营销案例，熊本县所采取的策略其实相当大胆且具创意，最有意思之处在于，熊本熊真的名副其实地成为一个介于熊与人之间的"熊人"形象。熊本县一方面请熊本熊担任"营业部部长"，另一方面又大量散发"熊出没注意"的传单，并举办虚构的记者会，宣称熊本熊在大阪失踪，请艺人手持有熊本熊图案的协寻单，上面写着："他是一只熊。""有没有看到我们家的熊本熊？"[47]换言之，熊本熊既是熊，又是人（部长），它是介于熊与人之间的混生物。

熊本熊的成功案例，让各地纷纷投入吉祥物的创作，台湾近年来也相当风行将在地特产制作成吉祥物或大型雕像，但不乏图像诡异的案例，如台南"虱目鱼小子"与吉贝"珍珠小童"都曾引来"鬼娃"负评[48]，可见吉祥物并非万灵丹，若未将城市美学的整体概念提升，突兀的吉祥物终究只是当代都市中一个个荒凉的混生符号。更何况，就算成功案例如熊本熊，其符号的大量增生，也让熊本县的其他存在仿佛都隐匿淡化，当我们对熊本的所有与唯一印象，只剩下熊本熊时，这样的城市营销究竟算成功还是失败？这不免也引来若干忧心的评论。例如村上春树就曾指出，随着熊本熊的大量增殖，"或许会更加远离熊本县这原本生根的土壤。正如'米老鼠'普遍化之后，就失去原本的'老鼠性'一样"[49]。但是，无论是荣升营业部部长的熊本熊、在迪斯尼乐园中与民众热情合照的大型布偶，或是街头与商场活动中的那些巨大吉祥物，这类由人穿着布偶装的城市景观，确实也带来了某种人与动物混生的象征意涵。高翊峰的小说《乌鸦烧》，是一个奇特的认同鸟、想要化身为鸟的故事，其中的主角，就是透过缝制一件黑鸟人的服装，作为实践其"混种认同"的方式。

故事主角是一位改行卖鲷鱼烧的工程师，某日，一只乌鸦为了啄食他不慎弹到路面上的红豆馅，遭汽车辗毙，工程师看着马路上的乌鸦尸体，突然觉得"轮胎辗过的乌鸦，有一种自然的美感，好看而且不停引人注视"[50]。于是，他细细描绘死去乌鸦的形象，将其制作成模具，并且决定要穿着乌鸦装卖乌鸦烧。在研究乌鸦装的过程中，"他突然兴起念头，想要了解鸟类飞行的空气力学与气流温度之间的关系……以及，乌鸦是怎么调节体温的"[51]。他从想要了解乌鸦，进而想要成为乌鸦，透过乌鸦装的制作，人和鸟之间的界线开始模糊："工程师把黑鸟人摊开，整平成一片懒洋洋的人，而不是一只鸟。他拿起针线，把细细的透明软管，以气流上升的曲线，缝纫到黑鸟人上半身的体表内层。"[52]穿着鸟人装的他，行为上也尽可能地模仿一只鸟，或者更精确地说，模仿那只死去的鸟："他想着那只被汽车辗毙的乌鸦，每吃一口，就学它啄食红豆馅料那样，让干硬的鸟喙啄一次空气，再学它那样颤抖甩头。"[53]到最后，这个故事仿佛成为一个人让一只鸟复活的过程：他除了自己模仿死去乌鸦的行为样貌，还将红豆泥继续丢给乌鸦尸体宛如"喂养"，最后更透过乌鸦烧的制作，"让一剖为二的乌鸦身体，重新接合在一起"，借由"快速旋转模具，由模具打成的乌鸦，活过来了"[54]。

但是，若以为高翊峰要表达一个"人认同动物并（象征性）地化身动物"[55]的故事，或许将忽略小说中其他的线索。事实上，工程师看似迷恋乌鸦，但那迷恋是被死亡而非乌鸦所召唤，他对这种生物从体型到食性基本上都缺乏认识，因此在乌鸦被辗毙后，他才会发现原来"它的躯体比想象中巨大"，并且认为乌鸦是"十分饥饿，也被晒昏头"才会误以为红豆馅料是鲷鱼的生肉。[56] 但都市乌鸦本就是杂食者，何况乌鸦并不知道他做的是"鲷鱼烧"，自然不可能误以为那是鲷鱼肉，换言之，这个他所想象的"乌鸦的误认"乃是基于他自身对乌鸦的误认而生。至于后来想要成为乌鸦的种种作为，更明显是出于情感的投射。小说透过卖鸟人装的店员，一针见血地指出了残酷的事实："不过你穿成这样，也不像乌鸦。"[57] 想化身为鸟，终究是种徒劳的尝试。

　　这不免让人忧心，划出疆界来排除对界线混杂的不安，以及跨界联盟、共同演化的两端之间，是否仍是想要清楚区隔人与自然、以人为优位的思维模式占了上风？所谓的"混种认同"难道只是一个抽象而难以达成的理想？社会学家琳达·卡萝芙（Linda Kalof）的"边界认同"概念，或许可以作为一个参考的方向：

> 　　边界认同反映了人和动植物之间的交集和相似，进而解除自我和大自然的二分法，建立一个关系式自我（relational self），在自然中体认自我，并和自然保持一种非工具性的关联。……在这过程里，不仅自然被赋予人类情感，人的主体也同时被物理化（physiomophism），即用非人类的自然来诠释人类经验。拟人化的自然及物理化的人类，两者实为了解自我和自然的关键所在，进而达到人类和非人类的互动和契合（affinity）。[58]

　　一直以来，科学理性对于化人主义总多少带着排斥与猜疑，认为人的情感投射会妨碍客观理性[59]，但边界认同的概念强调的，正是透过人的拟物化与非人类的拟人化，在自我与自然之间建立一种类同与交集，我们才能真正体会，人其实在自然之中，而自然其实也就在我们的身体中。如同哈拉维所言，"我们就是边界"[60]。

寻回他者的感受

1993 年，丽贝卡·霍尔（Rebecca Hall）在为她的动物权新书做宣传时，曾以 2500 美元的价格，要求四位男士住在一个像鸡笼一样的地方一周，整体环境是个狭小有斜坡的小笼，必须赤脚待在其中，会有自动食物递送、24 小时照明与不定时的噪音，结果他们只撑了 16 个小时就放弃了。[61] 这个"化身为鸡"的实验表面上看似失败了，但其实也可说是一种成功，因为透过这个实验，我们已可略为想象，身为一只蛋鸡，它们无法喊停的一生都必须在比这还糟的环境中度过，那会是一种什么样的生活。另一方面，鸡在各种商品广告中，又是最常被拟人化或女性化的一种动物，曾经有一间美国嫩鸡公司聘请一位厨师，宣称该公司的冷冻鸡肉可以用来玩保龄球，因为它们已经被冷冻到如同钛金属般坚硬[62]；将鸡模拟为女体形象之例更不时可见[63]，罗曼史小说《格雷的五十道阴影》（*Fifty Shades Of Grey*）[1] 大受欢迎之后，甚至有食谱搭上这个便车，取名为"烤鸡的五十道阴影"，将全鸡用各种方式绑缚烘烤，并搭配引人遐思的情色文字。

无论是霍尔的实验或烤鸡的阴影，无疑都呈现了人、自然、机器之

1　也译作《五十度灰》。

间的混杂流动，鸡的概念非常离奇地处在性感女体与钛金属之间，它们被符号化、商品化，就是没有被当成鸡来对待。透过"化身为鸡"的尝试（或者说，理解此一尝试之不易），是否有可能带我们更趋近"边界认同"的理想？其实，不需要每个人都去狭笼中住一天才能知道动物是否在受苦，只要我们能够更敏感地察觉自身之外的世界，就能体会到"我们"与"他们"从来不是一个稳固不动的概念。如同法国人类学家马克·奥热（Marc Augé）的建议，关于他者与差异的问题，"我们必须采取理解他者性的双叉（two-pronged）取向"：

> 首先，我们应该寻求某种他者感（a sense for the other）。一如我们有方向感或家庭感或节奏感……他认为这种感受既正在消失，又变得更尖锐。随着我们对他者——对于差异——的宽容消失，这种感受也在消逝。不过，当不宽容本身创造和建构了他者性，例如国族主义、区域主义和"种族净化"，这种感受也会变得更加尖锐。……其次，我们应该寻求一种他者的感受（a sense of the other），或是对于什么东西是对他者有意义的察觉；了解到他们关心的是什么。这牵涉了倾听"他者"的声音，以及透过"他者"的窗户来观看世界。[64]

虽然奥热所讨论的主要仍是人与人之间的他者与差异，因此强调的是国族主义或区域主义带来的问题，但他的论述也提醒了我们：当不宽容让他者性变得更加尖锐时，我们"感受他者的感受"之能力也会逐渐消失，而动物他者所面临的处境，显然又比人类他者更艰难。如何寻回他者的感受，寻回某种更宽容的、与他者共存的可能，实属当务之急。

相关影片

○《幽灵公主》，宫崎骏导演，松田洋治、石田百合子、田中裕子主演，1997。

○《千与千寻》，宫崎骏、柯克·怀斯导演，柊瑠美、入野自由、夏木麻里主演，2001。

○《撕裂人》，詹姆斯·古恩导演，内森·菲利安、伊丽莎白·班克斯、格雷格·亨利、迈克尔·鲁克主演，2006。

○《悬崖上的金鱼姬》，宫崎骏导演，山口智子、长岛一茂、天海祐希主演，2008。

○《阿凡达》，詹姆斯·卡梅隆导演，萨姆·沃辛顿、佐伊·索尔达娜、西格妮·韦弗、米歇尔·罗德里格兹、史蒂芬·朗主演，2009。

○《疯狂动物城》，拜伦·霍华德、瑞奇·摩尔导演，金妮弗·古德温、杰森·贝特曼、伊德里斯·艾尔巴、珍妮·斯蕾特、内特·托伦斯主演，2016。

关于这个议题，你可以阅读下列书籍

○布莱特·卫斯伍德（Brett Westwood）、史蒂芬·摩斯（Stephen Moss）著，张毅瑄译：《非凡物种：型塑人类文化、改变世界的 25 个自然造物》。台北：新乐园出版，2016。

○卡斯帕·韩德森（Caspar Henderson）著，庄安祺译，葛巴努·莫佳达斯（Golbanou Moghaddas）绘：《真实的幻兽：从神话寓言中现身的二十七种非虚构生物》。台北：麦田出版，2017。

○查尔斯·佛斯特（Charles Foster）著，蔡孟儒译：《变身野兽：不当人类的生存练习》。台北：行人文化，2017。

○唐娜·哈拉维（Donna J. Haraway）著，陈静等译：《类人猿、赛博格和女人：自然的重塑》。开封：河南大学出版社，2016。

○J. G. 弗雷泽（James George Frazer）著，汪培基等译：《金枝》。北京：商务印书馆，2013。

○凯瑟琳·海勒（N. Katherine Hayles）著，刘宇清译：《我们何以成为后人类：文学、信息科学和控制论中的虚拟身体》。北京：北京大学出版社，2017。

○菲利普·迪克（Philip K. Dick）著，赵鱼舟译：《银翼杀手》。南京：江苏教育出版社，2003。

○雪莉·特克尔（Sherry Turkle）著，周逵等译：《群体性孤独：为什么我们对科技期待更多，对彼此却不能更亲密？》。杭州：浙江人民出版社，2014。

○西格蒙德·弗洛伊德(Sigmund Freud)著，赵立玮译：《图腾与禁忌》。上海：上海人民出版社，2005。

○维若妮卡·坎皮侬·文森（Veronique Campion-Vincent）、尚布鲁诺·荷纳（Jean-Bruno Renard）著，杨子葆译：《都市传奇：流传全球大城市的谣言、耳语、趣闻》。台北：麦田出版，2003。

○谷口治郎著，千叶万希子译：《悠悠哉哉》。长沙：湖南美术出版社，2019。

○衫田俊介著，彭俊人译：《宫崎骏论：众神与孩子们的物语》。台北：典藏艺术家庭，2017。

○方清纯：《动物们》。台北：九歌出版，2017。

○吴明益：《天桥上的魔术师》。北京：新星出版社，2013。

○林建光、李育霖主编：《赛伯格与后人类主义》。台北：Airiti Press Inc.，2013。

○高翊峰：《乌鸦烧》。台北：宝瓶文化，2012。

○张君玫：《后殖民的赛伯格：哈洛威和史碧华克的批判书写》。台北：群学出版，2016。

○陈志华：《大象》，收录于《失踪的象》。香港：香港 kubrick，2007。

○邹文律：《N 地之旅》。香港：香港 kubrick，2010。

○韩丽珠：《失去洞穴》。台北：印刻出版，2015。

9 大众文学中的动物

寻回断裂的连结

在迷人与骇人之间?

安伯托·艾柯曾在《熊是怎么回事?》一文中,由满坑满谷的可爱泰迪熊出发,反省人们对于动物形象的塑造是否背离现实的问题。但与其说他反对将动物改造成胖嘟嘟、毛茸茸的玩偶,不如说他指出了一个人与动物关系中相当重要的两极模式:妖魔化与可爱化。艾柯认为:"从前的故事版本对大野狼太坏,现在的版本又太夸张狼的善良面。"[1]而这种过度强调动物可爱面的童话反而是一种危险的教育——如果小孩子们误以为所有的熊都和小熊维尼一样,那么他们就无法体会自然动物所具有的危险性。在本书第一章所提及的,动物园中各种不当接触造成的悲剧,多少也与长期以来童话故事都把野生动物刻画成"可爱的好朋友"有关。[2]更重要的是,无论妖魔化或可爱化,动物角色往往都被固定的刻板形象所塑造:狡猾的狐狸、好吃懒做的猪、大笨象、可爱的小白兔……于是我们一方面看似被动物(符号)所包围,一方面又安心地将真实动物切割为少数"爱动物"人士的议题,并且继续在日常语言、文学媒体中,强化那些无论在知识上、观念上都有必要调整的偏见。

尽管近年来，渐渐有不少儿童故事或绘本，开始反省过往这些以动物作为主角或主题的故事过度刻板化的问题，然而这些想要"拨乱反正"的故事，往往不是矫枉过正，变得说教意味浓厚，就是徒有空洞的"爱护动物"口号，但在整体观念并未扭转的情况下，仍不时演出各种"错误示范"。举例来说，一本描述叔侄三人到非洲旅行的图文书《南非历险记》，其内容就融入了近几年逐渐普及的观点，呼吁小朋友不应该骑大象。问题是，除了爱护大象之外，几位主角仍继续转战动物园推出的极限冒险活动，和鳄鱼一起潜水，以及和出生一个多星期的小狮子合照，还赞美小狮子温顺可爱又会撒娇。[3]这类例子无不说明若作者对动物议题缺乏高度的敏感性与充分的理解，就算作品中出现爱护动物的诉求，往往也会流于片面与矛盾。

　　但是，若从另一个角度思考，这些儿童文学、小说和媒体，或许反而得以提供更多主流文化中看待动物方式的线索。不过，由于过去提到"动物"，仿佛总和"儿童"画上等号，动物文学和动物小说，都被视为给儿童看的教育或娱乐作品，而且往往具有浓厚的寓言色彩与象征意义，因此本章的重点将以一般大众文学、小说为主，凸显从这些不见得会被归类为"动物文学"的作品中，仍可看出人与动物互动关系的不同模式，以及动物并不总是要以"象征"的形象才能出现在文学中。例如山白朝子（乙一）的短篇小说《关于鸟与天降异物现象》，虽是恐怖小说，却呈现出人与鸟之间复杂的情感关系。故事描述女主角的父亲在屋顶上救了一只形似乌鸦的伤重黑鸟，但体型硕大的它，不属于图鉴上的任何一种鸟，黑鸟复原之后不愿离开，就这样住了下来。这只鸟有一种特殊的"读心"能力，当你想要某样东西的时候，鸟会先一步去把东西叼过来。某日，父亲被闯空门的小偷杀死了，和父亲特别亲近的鸟也离开了，可是只要女主角需要什么，那样东西总会神秘地从天上掉下来。直到有一天，不受欢迎的伯父来访，女主角忍不住想着：要是死的是伯父而不是父亲就好了……为了不破坏读者阅读的乐趣，在此不揭露故事的结局，但相信读到这里，"小心你的愿望"的暗示已非常明显。女主角与鸟的亲密关系产生了微妙的变化，到后来，她为了避免黑鸟伤害她喜欢的人，选择剥夺了黑鸟飞翔的能力：

> 我想要和别人在一起，为了跟别人在一起，我必须让那只鸟再也没办法攻击任何人。……"我必须这么做，这是为了让你融入人类社会……"与其说是在对鸟说，更像是为了振奋自己。我抚摸了鸟背和鸟头一阵子，然后把刀子锐利的前端抵到它的左翅根部。鸟没有挣扎，眼睛对着我，偶尔眨眨眼。……这天夜晚，我夺走了鸟的天空。[4]

这个故事之所以值得注意，是因为它包含了人对动物的各种复杂甚至对立的情感：既有同情与依赖，也有猜疑、恐惧和背叛。动物对人建立信任关系之后，似乎就是确切不移的，可是从人的角度来考虑，却不见得如此单纯。包括对动物力量的畏惧、沟通的困难，都使得人与动物之间的情感连结平添许多变量。这只具有"读心"能力的鸟，固然能够感应到人的情感需求，却无法理解背后更复杂的种种纠葛，于是在关键时刻，沟通仍然是断裂的，人无法了解鸟想要表达的事情，所谓的"读心"，终究是单向与失能的，这无疑是个巨大的反讽。更重要的是，人与动物在这个故事中的付出不仅不对等，甚至完全不成比例。它提示了一个常被忽略的现实：要被纳入"人类社会"，对动物而言是要付出代价的——无论那代价是天空或生命。

透过这个故事，我们亦可发现人看待动物的态度，表面上是每个人在喜爱与厌恶的光谱两端之间，分别占据不同位置，现实却远比此复杂。很多时候，爱当中包含了投射、依赖、欠缺等自身愿望的形变；而妖魔化的背后，却也有可能隐含着崇敬、畏惧与厌恶等各种不同的感受。而且这些看似不兼容的情感，甚至可以同时存在。人需要动物，却又总是对动物的存在感到不安，事实上，本书所讨论的每一个章节，都多少具备了此种矛盾的双重性——它们既是泰迪熊，同时也是猛兽。因此，本章将以若干文学小说为例，思考在迷人与骇人之间，人与动物的关系还有哪些可能性；以及除了动物寓言之外，动物在文学中的其他样貌。

动物一定要作为隐喻吗？

"对于这之间的两百二十七天，我跟你们说了两种版本的故事。""对。""两个都没能解释货船为什么沉没。""没错。""两个故事对你们也就都没有差别。""这倒是真的。""你们不能证实哪个版本是真的，哪个是假的，只能相信我说的话。"……"那么请告诉我，既然两个版本都没有差别，你们也证明不了孰是孰非，你们是喜欢哪一个故事？哪一个故事比较精彩，有动物的还是没有动物的？"冈本先生："这个问题倒很有意思……"千叶先生："有动物的。"冈本先生："对。有动物的故事比较精彩。"派·帕帖尔："谢谢。老天终究是有眼睛的。"[5]

杨·马泰尔（Yann Marter）的《少年Pi的奇幻漂流》（以下简称为《少年Pi》），经过李安改编为电影后，成为家喻户晓的原著小说。相关影评与书评都已有非常丰富的讨论，尤其主角Pi最后对两位调查员讲述故事时的"翻案"更引起热议。哪个版本才是真的？或者说哪个才是小说家／导演想暗示的"最终版"？许多评论者抽丝剥茧，分析作品（尤其是电影中）的各种线索、隐喻，并且提出了自己的见解，更有人提出在真相之内还隐匿着具有更深沉与黑暗真相的"第三个版本"。为便于讨论，以下先简略介绍这部作品的内容，以了解所谓"有动物"与"没动物"版本的差别。

若以原著小说的结构来看，《少年Pi》有一个层层包裹的叙事结构，小说家"我"为了写作来到印度，在到处与人谈话寻觅灵感的过程中，有个老人告诉他："我有个故事会让你相信上帝真的存在。"[6]于是小说家找到了故事的主角Pi，并以Pi的第一人称开始描述他的故事：童年时父亲经营动物园的回忆；小时候同时信仰基督教、伊斯兰教与印度教的理由；以及全家人决定移民展开新生活，带着所有动物漂洋过海打算将它们卖到美国的动物园，不久之后却发生船难的遭遇；接下来就是关键的，与一只孟加拉虎"理查·帕克"在太平洋上一同漂流了227天的过程。小说的后半，主要围绕在这个貌似道德思想实验的虚拟场景中，Pi如何在名副其实"虎视眈眈"的环境里，克服海难的各种折磨，努力活下去的心路历程。最后则是Pi获救后对调查员叙述发生在自己身上的事，第一个版本自然就是读者已经阅读了三百多页的上述故事，但调查员觉得许多情节包括老虎的存在都不够合理，于是Pi就讲述了第二个"没有动物"的版本。第二个版本只花了八页的篇幅，但许多人（不只是书中的调查员，也包括多数评论者）都认为版本二，以及透过版本二再推论出的版本三，才真正指出海上漂流的残酷黑暗，以及人与自身"兽性"搏斗、面对死亡与求生的艰难。

在此先隐去这个"翻案版本"的关键内容，但必须提出的是，版本二虽然比较符合我们对于船难、山难等重大灾难生还者之遭遇的想象，而且确实可以独立成一个完整精简的船难故事来阅读，但以小说本身的结构来看，版本二是依附在版本一之上才成立的。因此小说中刻意透过两位调查员之口，表达某种怀疑——这两个故事版本的主要脉络为何如此类似？最大的差别在于，在版本一当中登场的斑马、鬣狗、红毛猩猩，在版本二代换成几个真实人物，这也是何以许多人认为理查·帕克就是Pi的内在自我。当然，一部优秀的文学作品，本来就拥有多重的诠释方式，以及不必然只有一种标准解答的开放空间，但本章想讨论的重点在于，为何我们会比较倾向于相信版本二，以及更重要的，当我们相信版本二的时候，版本一的存在又意味着什么？

值得注意的是，版本二之所以可以让读者迅速进入状况，是因为我们已经跟着版本一和主角一起走完了整个历程，之后只要把角色代换成人物，就可以产生了然于心的效果，也就是说，当我们选择相信版本二的"真相"，版本一就成了我们所熟悉不过的"动物寓言"：斑马、鬣狗与红毛猩猩，各自被赋予某种符合刻板形象的角色特质，理查·帕克则成为人与"兽性自我"、"本能欲望"共处的典型象征。这些象征意义固然也都是小说中刻意安排的，一如老虎理查·帕克，本就指向真实历史中发生在 1884 年的英国船难中，被吃掉的那位船员之名[7]；但马泰尔并不是要写一个包含"叙述性诡计"的推理小说，意图在最后把读者以为的事实全盘推翻，相反地，他让两个（或三个）版本都各有其合理处，也有某些无法让拼图完整的隙缝。更耐人寻味的是，Pi 最后与调查员的争辩，不只呼应了小说最初有关理性与信仰的种种交锋，并且提醒读者忆起小说家一开始埋的伏笔："这是一个会让你相信上帝存在的故事。"换言之，马泰尔在此其实要求读者在故事带来的困惑与悬念中，反思我们所认为的"合理"，究竟是追求科学实证的理性思维，抑或其实只是我们想要这样相信而已？

关于这个问题，哲学家埃德蒙·葛隶尔三世（Edmund L. Gettier III）曾撰写《证实为真的信念就是知识吗？》一文，来探讨"我们如何才能确认自己知道一件事，而不只是相信而已？"过去要证明某个信念为真，需要三个条件：(1)我相信此信念为真；(2)此信念确实为真；(3)我有充分理由相信此信念为真。但葛隶尔认为，有时就算符合上述条件，我们也不见得就能说"我知道"。举例来说：假设我们在铁轨上看到一棵倒下的树，但那树干看起来很像一个人，所以我将其误认为一个人（符合条件(1)：我相信有人）；事实上的确有一个人倒在这棵树的后面，被绑在铁轨上（符合条件(2)：确实有人）；我相信有人被绑在铁轨上，也确实有人被绑在铁轨上，而且我有充分理由相信有人被绑在铁轨上，因为我确实看到铁轨上有个像人的物体（符合条件(3)：我有理由相信）。

在这样的状况下，我可以说我"知道"有个人被绑在铁轨上吗？葛隶尔认为，我们仍然只能说"我相信铁轨上有人"[8]。Pi与调查员的争论，亦可说是"知道"与"相信"之间的挑战。当调查员质疑故事的合理性，因为"在生物学上根本就是不可能的"，"我们只是想理智一点"时[9]，Pi却点出了其中的盲点："老虎是真的，救生艇是真的，海洋也是真的。因为在你们狭窄有限的经验里，这三者从来没有会合在一起过，所以你们怎么也不相信。但事实真相很简单，奇桑号把这三者聚集在一起，然后沉没了。"[10]如果我们相信之事不见得是真实，同理可知，我们无法相信的，也不见得就不会是事实真相。

所以，为何我们比较想相信版本二？除了它比较符合前述让信念变成知识的几个条件，有其他船难的前例可循、比较合理因此比较有理由相信之外，会否还隐含着"其实我们比较喜欢让动物待在寓言系统中"这个可能？也就是说，让老虎成为兽性和原始的象征，比起"一个人和一只老虎在海上建立起某种患难情感"这种想象，会让人觉得更自在一些？其实，如果忽略"哪个版本才是真相"的纠结，单纯从小说情节来观察Pi与老虎的互动，仍有许多合情合理的，可以令人思考人与动物关系之处。其中，Pi的种种心情变化，是非常值得注意的。

在海上遇难不久，Pi很快就醒悟自己只有"驯服"老虎这个选择，否则必死无疑，因此他凭着机智取得了人虎关系中的主控权：供应水与食物，并且搭配他身为动物园园长儿子拥有的所有知识——关键在于，他要驯服的对象正好也是一只在动物园中长大的老虎，在人与动物权力角力的这场战役中，它一开始就输在起跑点上："理查·帕克从记事以来就是一只动物园里的动物，它习惯了茶来伸手饭来张口。……我的作用十分简单也十分神奇，因此我也就产生了权力。"[11]但是，由于《少年 Pi》并不是一个描述某种"人定胜天"式的、"人类凭借着不屈不挠的毅力克服了自然与力量强大的动物"的典型叙事，它不是《老人与海》（*The Old Man and the Sea*）的少年海难版——尽管老人确实也对他所要战胜的那条大马林鱼产生了某种认同与情感；但是 Pi 并不是怀抱着要成为"海上驯兽师"的目标来到救生艇上的，因此他对老虎的情感相对也就更加复杂。

在漫长的漂流过程中，理查·帕克让 Pi 没有时间思考死亡，它激发了 Pi 活下去的意志力，而且是一起活下去的意志力。到后来，Pi 和帕克甚至形成了某种命运共同体（当然，你也可诠释为 Pi 与内在自我和解），他对帕克说的话都是"我们"，在看到远方油轮向自己靠近时，以为获救的他说的是"我们成功了！我们获救了！"[12]，当希望变成失落，他对帕克说：

> "我爱你！"我不假思索说出这句话，深厚的感情溢满了胸怀。"我真的爱你，真的，理查·帕克。要是没有你，我真不知道会怎么样。我大概没办法活下去，没错，我会活不下去。我会孤苦无依地死去。别灰心，理查·帕克，别灰心。我会让你回到陆地的，我保证，我保证！"[13]

这个"我们"的认同一直持续到帕克头也不回地消失在丛林中，从此与他的人生分别为止。[14] Pi 对帕克的感情包含了控制、恐惧、敬意、爱与认同，它们同时存在与兼容，但也因此产生了某种制衡的力量，让 Pi 即使在恐惧中也不失敬意。对比如今许多人在自以为制伏猛兽之后，就将其视为炫耀取乐的对象[15]，《少年 Pi》之中人与动物、人与自然力量之间的关系，显然提供了另类的，在极端情境中的人与动物伦理学的珍贵一课。

动物爱好者全是怪咖？

如果说，前述《少年 Pi》的不同版本，隐含着某种人其实希望动物"留在隐喻系统中"的欲望，这似乎也同时解释了另一个在动物文学中常见的设定，那就是动物爱好者／素食者，几乎都是以某种边缘的、缺乏社会化的怪咖形象登场。除了本书第五章提到的，罗尔德·达尔的《猪》里面的姑婆（与她养育出来的主角）、J. M. 库切的《伊丽莎白·科斯特洛》的主角，都带着某种不合时宜的氛围外，J. K. 罗琳的《哈利·波特》里面，身为重要角色的海格，也是一个有趣的例子。表面上看来，热爱动物的海格是个形象讨好的正面角色，但事实上，罗琳却又不时安排海格这种爱动物的个性为哈利·波特他们带来不少困扰。试看下面两个段落：

> 海格从枕头下抽出一本大书，"这是我向图书馆借来的——《养龙的快乐与利润》——当然，这本书是有点儿过时了，不过里面什么都有。要把蛋搁在火里，因为它们的母亲总是朝蛋喷火，明白吧，等到孵出来以后，每隔半个钟头，喂它一桶掺了鸡血的白兰地。……我的这个是挪威脊背龙。这种龙是非常罕见的。"他显然对自己十分满意，妙丽却不以为然。"海格，你住的是一栋木头房子。"她说。但海格根本没在听。他忙着拨弄炉火，一面还快乐地哼着小曲。[16]
>
> 它们看起来就像是畸形的无壳龙虾，颜色是吓人的惨白，

看起来黏乎乎的，全身到处长满了脚，而且根本看不出哪里是头。每个板条箱里都装了上百只爆尾钉虾，每一只大约有六时长，全都挤成一团在彼此身上缓缓爬行，盲目地朝板条箱内侧乱碰乱撞。它们有一股非常强烈的腐鱼腥味。每隔不久，就会有一只爆尾钉虾"噗"地一声，从尾巴喷出一阵直窜到好几时外的火花。"才刚孵出来哩，"海格骄傲地说，"所以可以给你们养喔！我想我们可以来好好计划一下！""但我们为什么会想要养它们呢？"一个冷漠的嗓音说。[17]

在这两个例子中，海格对于他豢养的动物总是津津乐道，且对他人的不以为然、动物可能带来的风险——例如让一栋木头房子烧起来——都浑然不觉。尤其在《哈利·波特与火焰杯》[1]中，他担任"奇兽饲育学"课程的老师，却对于他自己找来的这群爆尾钉虾，从食性到行为都一无所知。不过虽然没人知道这些钉虾到底爱吃什么，它们仍以惊人的速度成长，并开始自相残杀。[18]上述这些行为实在都不算是"爱动物"的正确示范，而身边的朋友，在包容中总也多少带些无奈。

由此可以发现，相较于其他人物设定，一个角色若被定位成"爱动物"，往往总是隐含着某种"难相处"或甚至"给别人添麻烦"的意味。如同尤迪特·夏兰斯基（Judith Schalansky）[2]《长颈鹿的脖子》（*Der Hals der Giraffe Bildungsroman*）里的生物老师英格·洛马克，虽然并非传统定义中的"动物爱好者"，但是以生物学和达尔文主义作为其世界观的

1　台湾地区译名为《火杯的考验》。

2　台湾地区译名为茱迪思·夏朗斯基。

她令读者印象深刻。洛马克用生物学的眼睛看学生，用动植物的特质认识与记忆他们。因此在她眼中，这一个个"小型灵长类动物"，有的"如同杂草般不引人注意"，有的"如天竺鼠般躁动不安"，有些"唯有不断喂食，才会保持安静"，有的则"恍惚昏沉，蝾螈还比他漂亮"[19]。这些观察或许精确，却被认为教学方式不合时宜，不仅和学生渐行渐远，严肃古板的她，在日常生活中也与自己的女儿和丈夫疏离隔阂。

这些例子不禁让人怀疑，如果文学是人生的反映，是否在现实生活中，这就是动物爱好者给人的普遍印象？和动物的连结又是否必然意味着人际的挫败？新西兰作家茱迪丝·怀特（Judith White）的《一千种呱呱声》（*The Elusive Language of Ducks*），就对此进行了相当细腻的思考。女主角汉娜在丧母后，丈夫赛门用一只小鸭当礼物，作为"贴在她心上裂缝的 OK 绷"[20]，但当汉娜真的因此和小鸭建立了强烈的情感连结后，赛门却心生不满，从而让夫妻之间原本累积的种种问题扩散开来。当汉娜在无趣的晚宴上，试着用鸭子打开话题时，"赛门把脚压在她脚上，用力往地上磨蹭。她硬生生吞下说到一半的句子"[21]，晚宴结束后，赛门不满地批评："看看你自己跟那玩意儿。那不是婴儿。真的。"[22]她的妹妹玛姬更毫不客气地说："那只该死的鸭子是怎么回事？大家都觉得你疯了。所有人。那只是一只脏鸟。真的很脏。但是你对待它的方式，还有跟那鬼东西讲话的方式。我真不知道赛门怎么受得了你。"[23]对身边的人来说，无微不至地照顾与呵护鸭子不是美德，是某种"不正常"的证据，是会被当成"愚蠢的中年妇女"[24]的行径。

无可否认的是，汉娜和鸭子之间的关系，也并非那么单纯的爱与付出，而是有非常多的情感投射，她先将鸭子当成婴儿般照顾，和鸭子对话，其后又在鸭子身上感受／制造出某种和"母亲之间的情感延续"[25]，认为小鸭学会飞翔的那天，就是母亲"翱翔在强风之上，永远自由"[26]之时。但当鸭子慢慢长大，开始发情并有可能飞到邻居的花园，它就成了一只"兽性在羽翼下沸腾"、"造成威胁的鸟"[27]；最后，她以"为鸭子好"的理由将其送回出生地，交给原本鸭圈的夫妇照顾，但她也非常清楚，对于鸭子来说，"他不会明白这是怎么回事，他所熟悉的一切就这样弹指间消失了"[28]。类似前述《关于鸟与天降异物现象》的人鸟关系再次出现：当动物对人与人之间的关系造成威胁，人对动物的爱就会变成有条件的爱，而这样的爱，要坚持下去似乎非常困难。

但是，这并非意味着人与动物之间，不可能建立某种更纯粹的互动模式；因为情感欠缺或孤单、寂寞而将注意力转移到动物身上，也不等于一定无法善待动物，反之亦然。因此与其指责人将情感投射在动物身上（事实上非常难以避免），更重要的或许是，人如何好好将生命当一回事？就像小说中某次汉娜与友人晚餐时，在座的一对伴侣是"爱鸭人士"与猎人的组合，因此鸭子难得可以成为"上得了台面"的话题。但是从对话中，只是凸显了"爱鸭人士"对鸭子的无知（"鸭子有阴茎吗"是其中一个争论的话题），以及猎人对鸭子的轻蔑。当猎人呱呱呱地模仿鸭子的叫声时，汉娜试图反驳他，说明红面鸭不会呱呱叫。但他只是嘲讽地说："管它怎么叫，总之叫鸭子闭嘴吧。"[29]这对夫妇的种种行径，无论是把鸭子翅膀剪掉来留住它们的"爱"的方式，或是拿自己的猎物开玩笑的态度，都凸显出人的自私、无知与轻蔑，正是动物无法被善待的关键。

至于鸭圈的夫妇，相较于汉娜正好是某种对照组，他们非常实际地以"把鸭子当成鸭子"的态度照顾动物。如前所述，没有任何情感投射，很客观地把动物当成动物，不代表就不会好好照顾动物；问题出在，正因为在他们眼中"鸭子不都一个样"[30]，于是当汉娜想回去探视自己的鸭子时，才发现他们已把鸭子给了另一个想要帮小男孩找只宠物的印度家庭。透过这些角色与动物之间的不同距离，怀特呈现出一个颇为"写实"的人与动物关系之图像：对许多人来说，动物就是动物，与他们的日常生活无关；至于另外一些人，无论他们将动物视为商品、宠物或猎物，动物的主体性都很难在这样的关系中被正视；在这样的世界里，那些把动物当成人来照顾与在意的少数，会被视为怪咖也就不难理解了。但无论如何，鸭子的信任与依赖，终究是遭到了人类某种程度上的背叛，无论情感曾经如何紧密，毕竟都是不对等的爱。

找回断裂的连结

另一方面，《一千种呱呱声》也以非常复杂而细腻的方式，带我们看到人需要"宠物"背后的心理需求。事实上，这个问题无论以生物学、心理学或社会学来思考，答案都莫衷一是：

> 临床心理学医师认为，人类养宠物是因为希望自己感到被爱。生物学家认为宠物饲养为巢寄生的变形。也有些社会学者认为宠物为人类社会关系建构的一块砖，那就是为什么狗在坎萨斯州会被视为家人、在肯亚被当作贱民，而在韩国又成为热腾腾的午餐。总之，人类对宠物的爱可说是最亲密的人类与动物互动关系之一，其背后的原因相当复杂而多元。宠物除了让我们感到被需要以外，也可以在我们低落时提供情感支持，不过同时它们也确实为社会建构的一部分元素，并且偷偷地以巢

寄生的方式入侵我们的生活。[31]

　　但是，无论答案是哪一种（或哪几种），真正重要的其实不是人为何饲养动物的心态，而是这种心理需求反映出人"想与动物之间产生联系"的动机。如何将人与动物之间已然断裂的连结重新链接，正是本书念兹在兹的课题。对此，若干可能会被认为过于温情的作品，或许反倒是召唤人与动物最初连结的契机。

　　举例而言，以"恐怖小说"知名的朱川凑人，曾写过一个非常温暖的短篇小说《光球猫》[32]。小说的叙事者是个"又穷又孤独的年轻人"，一个人离家来到东京下町的旧公寓中，追求着想要成为漫画家的梦想。而他在异乡交到的第一个朋友，就是会默默来到房间安静过夜的猫咪"茶太郎"。茶太郎的陪伴让他得到了抚慰，但是，在一个意志消沉的寒冷夜晚，却出现了奇妙的东西：那是一个"微微散发清白光辉、直径约五公分的球"[33]，还会配合着叙事者手指的移动轻轻摇摆，就像一只活生生的好奇猫咪一样；将其捧在手心上用另一只手抚摸，也会像猫咪发出呼噜声一般地轻轻振动。叙事者原本以为是茶太郎发生不测，就这样继续和"光球猫"一起生活，会窝在膝盖上睡觉的光球猫，让他被打击的心志仿佛也慢慢恢复了元气。想不到过了一阵子，茶太郎回家了。叙事者跟随着被茶太郎驱赶的光球猫来到觉智寺，终于在本堂的梁柱下找到了光球猫的遗体，那是他曾经见过的，一只患了眼疾的白猫。被光球猫触动的叙事者感叹道：

　　　　这只猫一定很寂寞，很想找人撒娇，所以才会让余存的灵
　　魂徘徊街上，最后终于找上我的房间。那时，它也和茶太郎一

样，希望我能让它进入屋里吧！（这世间，感到寂寞的生命是何其多呀！）看到那只猫的尸体，不知为什么，我突然有这样的感触。[34]

即使死去了也仍然会感到寂寞，所以那余存的灵魂才会终日徘徊。叙事者最后带回了白猫的遗体，将其埋在阳光充足的后院角落，回到故乡仍持续创作漫画的他，只要疲累的时候，总会感受到来自光球猫的抚慰。

朱川凑人的《光球猫》之所以动人，正是因为这个故事诉说的，是一种超越生灵与死者、人类与动物界线的共通情感，那就是对爱与温柔的需求。而文学的力量，不也正是将被遗忘在人类心灵角落的情感重新唤醒？如果连对已逝的生命都不吝释出善意，在它们生前，也不会那么轻易视而不见吧？一如小川洋子《婆罗门的埋葬》一书中，在"创作者之家"担任管理员的主角，在某个夏日早晨与一只受伤小动物的相遇。尽管并不确知这只有着巧克力色瞳孔、脚下有五个肉球、指尖有蹼、尾巴比身体还长的小动物究竟是什么，但它有着确确实实的体温。于是管理员将负伤求救的它带回房间，用奶瓶喂奶，细心地呵护直到痊愈。尽管最后被命名为婆罗门的小动物仍因人为意外而死亡，但是它活着的每一天都得到了充分的爱与关心，死亡之后也得到同样的慎重对待：

我最后一次抚摸婆罗门。将留有轮胎痕迹的那一边朝下，尾巴安详地卷起，闭上了双眼。纯白色的小斗篷非常适合它。只要有这件小斗篷，就算冬天到了也不用担心。我将手掌贴在不知抚摸过多少次的婆罗门头上，告诉它不必觉得孤单也毋需害怕，因为我就在这里——就像每天晚上在睡前所做的一样。[35]

正因为情感的连结仍在，因此不必孤单也无须害怕。而无论是光球猫或婆罗门，都让我们看到不管形体或样貌如何不同，生命与生命之间，永远需要善意的交流。

吴明益在《它们曾经给了我情感教育》一文中，曾如此描述小学时为了找一个地方埋葬不小心被他压死的鹦鹉而走遍城中区的经历："在黑夜的台北市，我拿着两只筷子，在中华路的安全岛上为它挖了一个洞。那个洞至今都存在我的心的星球上。我常想，失去这些动物对我的情感教育，我一定是个贫乏、对其他人的存在缺少敬意与同情的生物。"[36]动物给了我们情感教育，我们从中学习爱，学习生与死，学习敬意与同情，让我们成为比较好的人。它们不是机器，是和我们同样需要爱、会痛苦、有体温与触感的生命。

动物之于人：一种爱的代称

彼得·辛格在其《动物解放》一书中，曾开宗明义地在《序言》中强调，他对动物"没什么特别的'兴趣'。我们夫妻对于猫、狗、马等都没有什么特别的喜爱。我们并不'爱'动物，我们所要的只是希望人类把动物视为独立于人之外的有情生命看待，而不是把它们当作人类的工具或手段"[37]。除此之外，他亦不时在访谈中重申这个"不爱动物"的观点。[38]因此，许多动物权或动物福利的倡议者，时常引用此说法来申明自己的立场，强调自己不是爱动物，而是希望人们善待动物——毕竟众多文学作品与现实事件，已经让我们看到爱的各种局限甚至伤害。本书亦曾在多处讨论中强调，许多动物议题的争议，不应围绕在爱与不爱某种生物上，但是，这其实并不意味也不等于我们应该否定爱的价值。

以伊坂幸太郎带有黑色幽默风格的《家鸭与野鸭的投币式置物柜》为例，这部小说以两段时空交错叙述的方式，带出一起因动物虐杀事件造成的悲剧。努力追查动物虐杀案的宠物店女店员琴美，当时感叹地说："就跟台风或地震是一样的。……就算没做坏事，它也会侵袭过来的。这就是毫无道理的恶意。"[39]当世界上仍然持续有那么多毫无道理的恶意与伤害时，如果真的有什么足以抵抗这无所不在的恶意，或许仍然是爱，或者说情感的力量。因此我们该做的或许是，与其刻意去否认爱的存在或价值，不如理解爱的局限，并且，扩大对爱的定义和想象。如同诗人隐匿在其《河猫》一书中，对于人们以为她"最爱的猫"的说法：

> 朋友们总是说，金沙是我最爱的猫。其实不是的，金沙不是我最爱的猫，而是我在这世界上，所有最爱的人、事、物的总结。是我所能得到与付出的，爱的集合。是我向来羞于说出口的，爱的代称。是爱的奴仆与主人，爱的呼唤与应答。是宇宙向我传递的一种无以名状、无上甚深的意志。是从观音山和淡水河里淬沥过的沙金。是阳光、空气、花和露珠里的金色光芒，也是我生命里最灿烂的金光党。是我的金色小王子和小狐狸，我的金色玫瑰和小行星。是我从黑暗里找回来的一点点光，我从绝望里找回来的一个，足够的理由。[40]

动物之于人，因此可以是这样的一种存在，是露珠里的光，绝望里的力量。是我们对于爱这个词所能动员的，所有想象力的可能。

相关影片

○《群鸟》，阿尔弗雷德·希区柯克导演，罗德·泰勒、杰西卡·坦迪、蒂比·海德莉主演，1963。

○《鸭子和野鸭子的投币式自动存放柜》，中村义洋导演，滨田岳、瑛太、关惠美主演，2007。

○《大象的眼泪》，弗朗西斯·劳伦斯导演，瑞茜·威瑟斯彭、罗伯特·帕丁森主演，2011。

○《少年 Pi 的奇幻漂流》，李安导演，苏瑞吉·沙玛主演，2012。

关于这个议题，你可以阅读下列书籍

○尤迪特·夏兰斯基(Judith Schalansky)著，叶澜译：《长颈鹿的脖子》。北京：人民文学出版社，2013。

○茱迪丝·怀特（Judith White）著，邱俭译：《一千种呱呱声》。台北：时报文化，2015。

○史蒂文·罗利（Steven Rowley）著，祝文亭译：《莉莉和章鱼》。南京：江苏凤凰文艺出版社，2017。

○汤姆·米榭（Tom Michell）著，高需芬译：《一只企鹅教我的事》。台北：PCuSER 计算机人文化，2017。

○杨·马特尔（Yann Marter）著，姚媛译：《少年 Pi 的奇幻漂流》。南京：译林出版社，2012。

○乙一著，陈惠莉译：《形似小猫的幸福》，《被遗忘的故事》。南京：译林出版社，2013。

○山白朝子（乙一）著，王华懋译：《关于鸟与天降异物现象》，《献给死者的音乐》。上海：上海人民出版社，2014。

○小川洋子著，叶凯翎译：《婆罗门的埋葬》。台北：木马文化，2005。

○川村元气著，王蕴洁译：《如果世上不再有猫》。武汉：长江文艺出版社，2014。

○伊坂幸太郎著，王华懋译：《家鸭与野鸭的投币式寄物柜》。南京：译林出版社，2011。

○伊坂幸太郎著，张智渊译：《奥杜邦的祈祷》。南京：译林出版社，2011。

○朱川凑人著，孙智龄译：《光球猫》。台北：远流出版，2009。

○村上龙著，张智渊译：《丧犬之痛》，《55岁开始的Hello Life》。台北：大田出版，2015。

○东川笃哉著，张钧尧译：《完全犯罪需要几只猫》。北京：新星出版社，2014。

○宫本辉著，刘姿君译：《优骏》。台北：青空文化，2017。

○鸟饲否宇著，张东君译：《昆虫侦探：熊蜂探长的华丽推理》。台北：野人文化，2007。

○泷森古都著，简秀静译：《在悲伤谷底，猫咪教会我的重要事情》。台北：尖端出版，2017。

○泷森古都著，许芳玮译：《在孤独尽头，狗儿教会我的重要事情》。台北：尖端出版，2017。

注 释

导论：不得其所的动物

［1］ 这只小狐狸原本被认为是罕见的大理石狐狸（Marble Fox），但基因检测后发现是较常见的赤狐（Red Fox）。海洋公园表示，"基于赤狐不适合与北极狐或园内其他动物一起生活，而公园亦未有符合赤狐福利要求的配套设施作为其长期居所"，因此不适合长期收容。直至本书截稿，小狐狸的归属与命运仍是未定之天，然而在此过程中的种种波折与争议可说是香港城市动物问题的重要缩影。

［2］ 引自保罗·克拉克（Paul Cloke）、菲利普·克朗（Philip Crang）、马克·古德温（Mark Goodwin）著，王志弘等译：《人文地理概论》（台北：巨流出版，2006），页15。

［3］ 保罗·波嘉德（Paul Bogard）著，陈以礼译：《夜的尽头：在灯火通明的年代，找回对大自然失落的感动》（台北：时报文化，2014），页28。

［4］ 爱德华·威尔森（Edward O. Wilson）著，金恒镳、王益真译：《半个地球：探寻生物多样性及其保存之道》（台北：商周出版，2017），页25。

［5］ 乌苏拉·海瑟（Ursula K. Heise），陈佩甄译：《"人类世"的比较生态批评》，《全球生态论述与另类想象》（台北：书林出版，2016），页237。

［6］ 有关人类世下人类活动对动物造成的影响，可参见黛安·艾克曼（Diane Ackerman）著，庄安祺译：《人类时代：我们所塑造的世界》（台北：时报文化，2015）。本书将于第二章对人类世的概念与影响进行进一步讨论。

［7］ 有关该事件的讨论请参阅本书第三章。

［8］ 吴明益：《我们是动物教养长大的——关于〈西顿动物记〉与动物小说》，收

录于厄尼斯特·汤普森·西顿（Ernest Thompson Seton）著，庄安祺译：《西顿动物记》（台北：卫城出版，2016），页14。

［9］ 引自马克·贝考夫（Marc Bekoff）编著，钱永祥等译：《动物权与动物福利小百科》（台北：桂冠图书，2002），页12。

［10］ 凯斯·桑思汀（Cass R. Sunstein）著，尧嘉宁译：《剪裁歧见：订作民主社会的共识》（台北：卫城出版，2014），页152。

［11］ 效益主义又译为实效主义，近来亦有哲学家主张应将实效主义改称为"深度的实用主义"，这更能贴近其务实、弹性，且具有折中妥协的开放性之特质。见约书亚·格林（Joshua Greene）著，高忠义译：《道德部落：道德争议无处不在，该如何建立对话、凝聚共识？》（台北：商周出版，2015），页29。

［12］ 彼得·辛格（Peter Singer）著，孟祥森、钱永祥译：《动物解放》（台北：关怀生命协会，1996），页46。

［13］ 同上书，页47—48。

［14］ 钱永祥、释昭慧：《人与自然观点：动物伦理之论述（上）——［世界文明之窗］讲座实录》，《弘誓双月刊》第88期（2007.8），页51—64。

［15］《动物权与动物福利小百科》，页47。

［16］ 同上书，页45。

［17］ 同上书，页58—59。

［18］ 同上书，页45。

［19］ 有关动物福利与动物权利在实验动物运动上的立场差异，可参见本书第六章的讨论。

［20］ 引自波依曼（Loius P. Pojman）编著，张忠宏等译：《为动物说话：动物权利的争议》（台北：桂冠图书，1997），页70。

［21］ 同上书，页71。

［22］ 同上书，页45—46。

［23］ 汤姆·睿根（Tom Regan）著，王颖译：《伦理学与动物》，《中外文学》第32卷第2期（2003.7），页18。楷体为原文强调。

［24］《动物权与动物福利小百科》，页48。

［25］ 同上书，页48。

［26］ 本段有关努斯鲍姆的动物伦理观，感谢钱永祥老师的指导，并整理自王萱茹：

《探究动物伦理的新发展——从努斯鲍姆的"怜悯之情"谈起》，"第一届动物当代思潮研讨会"会议论文，2014//12/07，《论玛莎·努斯鲍姆（Martha C. Nussbaum）的动物正义论》，"关怀生命协会"网站，2014/05/08，亦可参考钱永祥：《努斯鲍姆的动物伦理新论》，《思想》第 1 期，2006，页 291—295。

［27］引自梁孙杰：《要不要脸？——列维纳斯伦理内的动物性》，收录于赖俊雄编：《他者哲学：回归列维纳斯》（台北：麦田出版，2009），页 242—245。

［28］引自梁孙杰：《狗脸的岁／水月：列维纳斯与动物》，《中外文学》第 34 卷第 8 期（2006.1），页 128—129。

［29］阿马蒂亚·库马尔·沈恩（Amartya Kumar Sen）著，林宏涛译：《正义的理念》（台北：商周出版，2013），页 73。

1 展演动物篇：动物园中的凝视

［1］如法国动物园曾发生盗猎者入园枪杀犀牛盗猎的事件，参见蒋奇廷编辑：《法国动物园内一犀牛遭枪杀后犀牛角被锯》，《环境信息中心》，2017/03/10。此外，就算并非表演用的动物，疏忽照顾的情况亦不时可闻，河南许昌西湖公园动物园于 2016 年已被指出管理不善，2017 年间再爆出大型猛兽瘦弱倒地、食物腐败等状况，园方的回应却指出这是因为"市民视野开阔，要求愈来愈高，动物园已不能适应现在游客们欣赏的标准"。请见《河南动物园涉虐猛兽 园方：游客欣赏标准高》，"东网"，2017/07/20。又如江苏常州淹城动物园，2017 年 6 月因股东内部矛盾与资产冻结，无法将动物出售等问题，竟将活驴扔入虎池让老虎活活咬死（此非固定的"喂食秀"），遭到大量批评后，园方设置"无名驴之纪念碑"提醒民众"动物凶猛"，最大的反讽莫过于是。参见《疑因股东内部矛盾导致 游客直呼受不了 江苏动物园扔活驴喂老虎》，《星岛日报》，2017/06/06。

［2］这类事件在世界各地都不乏其例，较为人知者例如美国辛辛那提动物园（Cincinnati Zoo）于 2016 年 5 月，因一名四岁男童跌入壕沟，导致银背大猩猩"哈拉比"（Harambi）被射杀；同年 5 月智利亦发生男子闯入狮子兽栏意图自杀，使得两只狮子被射杀的事件；又如 2017 年春节期间，中国浙江宁波市的雅戈尔动物园，发生男子因逃票闯入虎栏身亡，老虎亦被击毙的事件。

［3］布列塔·贾钦斯基（Britta Jaschinski）：Artificial Paradise，"Bluerider ART 蓝骑士艺术空间"网站。贾钦斯基之相关作品与报道可参见"Britta Jaschinski News"网站。此外，又如摄影师 Jimmy Beunardeau 的作品《WILD-LIFE》，则是以屏科大保育类野生

动物收容中心所照护的动物为对象，拍摄了一系列的影像作品，借此带出这些被弃养或因非法贩卖、走私等理由被收容的落难动物之故事。可参见杨景川、綦孟柔口述，动物当代思潮纪录：《落难动物最后的栖身之处："白熊计划 × WILD-LIFE"摄影联展导览》，《农传媒》，2017/08/22。

〔4〕 The Nok：《被囚的野性：拍摄园内动物的另一面》，《photoblog.hk 摄影札记》，2013/06/08。

〔5〕 扎哈罗夫在个人网站上表示："My intention was not to criticize zoos, but to focus on the strange and bizarre daily life of animals." 参见"Daniel Zakharov – Photography"网站。

〔6〕 张东君：《批评动物园的工作请留给大人做》，"青蛙巫婆部落格"，2013/06/09。

〔7〕 汤玛斯·法兰屈（Thomas French）著，郑启承译：《动物园的故事：禁锢的花园》（台中：晨星出版，2013），页41。

〔8〕 本章有关动物园中凝视之部分观点引用与改写自笔者《观看动物：从动物园看动物权利的争议》，收入《生命伦理的建构：以台湾当代文学为例》（台北：文津出版，2011），页189—219。

〔9〕 更详细的动物园历史，请参阅埃里克·巴拉泰（Eric Baratay）、伊丽莎白·阿杜安·菲吉耶（Elisabeth Hardouin–Fugier）著，乔江涛译：《动物园的历史》（台北：好读出版，2007），第一章至第五章。

〔10〕 同上书，页151—152。

〔11〕 不过壕沟展示法并非哈根贝克所独创，早在1519年，墨西哥阿兹特克王Montezuma 御用的动物园就已采用壕沟隔绝法。见马克·贝考夫（Marc Bekoff）编，钱永祥等译：《动物权与动物福利小百科》（台北：桂冠图书，2002），页372—373。

〔12〕 《动物园的历史》，页234—240。

〔13〕 引自薇琪·柯萝珂（Vicki Croke）著，林秀梅译：《新动物园：在荒野与城市中漂泊的现代方舟》（台北：胡桃木出版，2003），页92—95。

〔14〕 罗晟文：《人造景观中的大白熊》，《国家地理杂志》，2016/04/26。

〔15〕 刻板行为，亦称动物刻板症（stereotypes in animals），"是指一连串重复、相当没有变化且不具明显功能性的动作。……在动物园或圈限于农场的某些动物所表现出来的极端异常行为中，可以看到诸如来回踱步、咬栏杆、转动舌头、假咀嚼等刻板症。乔其亚·梅森（Georgia Mason）观察畜貂农场中的一只母貂，被关在 75×37.5×30 公

分大的笼中的行为，发现它会反复地用后脚直立站起来、用前爪攀爬上笼子顶端，再用以背着地的方式把自己摔下来。……在大多数的情况中，我们无法得知刻板症是否有助于个体应付其环境，或者曾经有过助益但现在没有，或者根本一点帮助也没有，只是一种行为异常而已。……所有的情况都显示，刻板症的出现表示个体与环境的抗衡出现了问题，所以它必然是生活质量很低的警讯"。见《动物权与动物福利小百科》，页326—327。

［16］ 影片可参考《大白熊进行曲》，链接：vimeo.com/121528708。

［17］ 此为郭力昕于2015年7月19日台北"流浪的摄影空间"举办《白熊计划——罗晟文个展》对谈时提出之观点。

［18］ 徐圣凯：《台北市立动物园百年史》（台北：台北市立动物园，2014）。台北市立动物园在当时推动现代化的王光平园长的反对之下，在1978年终于结束长达29年的动物表演。见前揭书，页150。

［19］ 同上书，页58。

［20］ 同上书，页144。

［21］ 鳄鱼被石头砸死之例，各地皆时有所闻，如武汉动物园曾发生八只鳄鱼被游客砸死四只的事件，《中国游客乱丢石头 八条鳄鱼四条被砸死》，"ETNEWS"，2013/07/12;突尼斯于2017年亦有游客集体用石头砸死鳄鱼的事件，《游客集体"丢大石头"突尼西亚动物园鳄鱼脑出血死亡》，《ETLIFE生活云》，2017/03/02。海龟新闻参见：《水族馆海龟背着人民币！生态池变许愿池散发"铜臭"》，"ETNEWS" 2015/09/17。

［22］《动物园的历史》，页205。另外的研究也指出，游客在各动物园每个兽笼的平均观看与停留时间大约是半分钟至两分钟。见《动物权与动物福利小百科》，页381。

［23］ 原子禅著，黄友玫译：《爱与幸福的动物园：来看旭山动物园奇迹》（台北：漫游者文化，2009），页40。

［24］ 此为1986年在美国杰克森维动物园(Jacksonville Zoo)的研究，见《新动物园》，页240、288。

［25］ 同上书，页121。

［26］ 雪莉·特克(Sherry Turkle)著，洪世民译：《在一起孤独：科技拉近了彼此距离，却让我们害怕亲密交流？》（台北：时报出版，2017），页47—48。

［27］ 同上书，页74—75。

［28］ 何曼庄：《大动物园》（台北：读瘾出版，2014），页20。

〔29〕 同上书，页 20。

〔30〕《爱与幸福的动物园》，页 70。

〔31〕 同上书，页 70。

〔32〕 以上各例请参照前注所引书，依序为页 71、81、78、169、92。

〔33〕 同上书，页 88。

〔34〕 引自李育琴编辑：《努特失掌声 个性大变成问题熊》，《环境教育信息中心》，2008/01/29。

〔35〕 林育绫报道：《透视明星北极熊"努特"一生 大起大落让粉丝心痛悼念》，《今日新闻》，2011/03/22。

〔36〕《动物园的故事》，页 70、75。

〔37〕 同上书，页 54—55。

〔38〕 约翰·伯格（John Berger）著，刘惠媛译：《影像的阅读》（台北：远流出版，2002），页 24。

〔39〕 同上书，页 25。

〔40〕《大动物园》，页 182—183。

〔41〕 另一方面，某些管理不善的动物园甚至会传出饲育员虐打动物的新闻，如：《直播"虎窝追逐战"爆虐待？ 贵阳动物园：他们在嬉戏》，"ETNEWS"，2017/02/16；《萨尔瓦多动物园河马遭虐打致死》，《Now 新闻》，2017/02/28。

〔42〕 尽管活体喂食的表演近年来因游客观念的改变，较容易引发争议，已逐渐减少，但仍有部分地区保留此项表演，例如中国哈尔滨的东北虎林园，就一直以游客可以出钱购买动物活体来进行喂食为卖点，鸡、鸭、羊、牛各有不同价码；游客过度喂食，使近两年园中老虎多半体型异常肥胖，成为另一种不当饲养的负面教材。参见文皓心报道：《老虎过年也变肥？ 哈尔滨东北虎林园被质疑过度喂食》，《香港 01》，2017/02/09。

〔43〕《台北市立动物园百年史》，页 88—93。关于这段战争中的动物园历史，亦可参看吴明益小说《单车失窃记》（台北：麦田出版，2015）中的相关段落。

〔44〕 事实上，动物处分的例子仍不时可见，2015 年，中亚国家格鲁吉亚（Georgia）首都第比利斯（Tbilisi）因大洪水造成兽栏冲毁，动物离开园区，结果多数遭到射杀。甚至连已经中麻醉枪倒地的动物都不例外。参见《乔治亚"洪水猛兽"满街窜 特警杀光出逃动物 园方痛批反应过度》，《关键评论》，2015/06/16。

〔45〕 Steve Baker, "Picturing the Beast: Animas, Identity, and Representation"（Urbana:

U of Illinois P, 2001），pp.190–194.

［46］《动物园的故事》，页 23。

［47］ 维多鱼：《丹麦动物园公开肢解长颈鹿》，"台湾动物新闻网"，2014/02/10；林于凯：《一场肢解的生命教育（上）——长颈鹿 Marius 之死》《一场肢解的生命教育（下）——血淋淋之外，还看到什么》，"关怀生命协会"网站，2014/02/16。

［48］《丹麦动物园公开解剖狮子引发愤怒》，"纽约时报中文网"，2015/10/16。

［49］ 彭紫晴：《园内数目过多斑马被挪威动物园处死喂老虎》，《关键评论》，2016/04/29。

［50］《大动物园》，页 8。

［51］ 同上书，页 10。

［52］《新动物园》，页 341。

［53］ 阿尔维托·曼古埃尔（Alberto Manguel）著，薛绚译：《意象地图：阅读图像中的爱与憎》（台北：商务印书馆，2002），页 317—318。

2 野生动物篇：一段"划界"的历史

［1］ 萨尔卡多（Sebastiao Salgado）口述，冯克采访整理：《重回大地：当代纪实摄影家萨尔卡多相机下的人道呼唤》（台北：木马文化，2014），页 38—39。

［2］ 同上书，页 217—218。

［3］ 厄尼斯特·汤普森·西顿（Ernest Thompson Seton）著，庄安祺译：《西顿动物记》（台北：卫城出版，2016），页 21。

［4］ 段义孚（Yi-Fu Tuan）著，周尚意、张春梅译：《逃避主义：从恐惧到创造》（台北：立绪文化，2014），页 43。

［5］ 引自蒙特·瑞尔（Monte Reel）著，王惟芬译：《测量野性的人：从丛林出发，用一生见证文明与野蛮》（台北：脸谱出版，2015），页 46。

［6］ 引自前注书，页 36—40、46—48、71—72。

［7］ 同上书，页 71—72。

［8］ 同上书，页 115—120。

［9］ 同上书，页 145—146。

［10］ 引自前注书，页 156。

［11］ 同上书，页 97。

［12］ 同上书，页229。

［13］ 同上书，页267—268、300—301、309—315。

［14］ 同上书，页227。

［15］ 这是由保育团体"红毛猩猩拓广组织"（Orangutan Outreach）为了避免人工饲养环境下的猩猩生活太过贫乏所开发的猿用Apps（Apps for Apes）计划，结果显示这些红毛猩猩不但会用iPad看电视，也会在荧幕上画画。见《猿猴用的Apps（Apps for Apes）——〈人类时代〉》，《泛科学》，2015/10/06。

［16］ 黛安·艾克曼（Diane Ackerman）著，庄安祺译：《人类时代：我们所塑造的世界》（台北：时报文化，2015），页41。

［17］ 同上书，页146—148。

［18］ 同上书，页148—149。

［19］ 同上书，页149。

［20］ 灰鸽一例整理并引用自黄宗洁口述，万宗纶整理：《可爱无罪，但不能只停在可爱——社运中的熊猫、黑熊与石虎》，"人·动物·时代志"网站，2014/04/25。

［21］ 包子逸：《风滚草》（台北：九歌出版，2017），页230—231。

［22］ 史提夫·辛克里夫（Steve Hinchliffe）著：《城市与自然：亲密的陌生人》，收录于约翰·艾伦（John Allen）等著，王志弘译：《骚动的城市：移动／定着》（台北：群学出版，2009），页181—182。

［23］ 辛克里夫也点出，伴随禁止喂食的规定，常会有同步的鸽子捕杀计划，以免这些鸽子饿死有碍观瞻。但这类捕杀与清除计划往往偷偷进行，以免遭到抗议。他认为这正表现了部分都市居民对这些动物邻居的感情。同上书，页182。

［24］ 陈嘉铭：《香港，就是欠了"动物史"》，《立场新闻》，2015/12/11。

［25］ 香港的流浪牛，是随着生活形态的改变，被农民放逐与遗弃的牛只，主要分布在西贡、大屿山等地。为避免人牛冲突，香港渔护署于2011年成立牛只管理队（牛队），进行"捕捉、绝育、迁移"计划，但不少小牛因此尚未断奶就被移置异地放养；此外，路杀事件亦时有所闻，2017年5月，发生一起西贡大公牛被撞后遭人道毁灭的案例，但有民众表示，牛只被撞与之前野猪狩猎队追赶野猪惊吓到牛只有关，被撞的公牛右脚骨折即遭渔护署人道毁灭的处理方式，亦引发不少批评及争议。香港官方之流浪牛管理计划可参阅《流浪黄牛及水牛管理计划》，"香港特别行政区政府渔农自然护理署"网站，2013/07。其他相关新闻可参见《黄牛捱车撞 伤重人道毁灭 同伴相陪待救不愿走》，"明

报新闻网"，2017/05/20；李慧妍撰文：《西贡幼牛遭分离放逐 团体冀约见渔护署停捕捉》，《香港01》，2017/04/26；吴韵菁撰文：《渔护署救治小牛 换来调迁、失踪、骨肉分离？》，《香港01》，2017/02/10。

〔26〕 如2015年5月曾发生小野猪误闯童装店事件。

〔27〕 相关新闻参见：《野猪游水闯停机坪 机场特警捉完一只又嚟一只》，"东网"，2016/12/20。

〔28〕 如2016年5月，曾发生两只野猪误闯海洋公园，最终丧命于游乐设施"滑浪飞船"储水库的事件。参见吕凝敏报道：《两小野猪游走海洋公园 命丧滑浪飞船储水库 渔护署跟进》，《香港01》，2016/05/31。

〔29〕 香港野猪问题的脉络，可参阅此篇报道：《野猪去又来 共融或猎杀？》，《文汇报》，2017/01/02。

〔30〕 张婉雯：《打死一头野猪》，收录于黎海华、冯伟才编：《香港短篇小说选2010—2012》（香港：生活·读书·新知三联书店，2012），页275—291。

〔31〕 《城市与自然：亲密的陌生人》，页185。

〔32〕 此为笔者于2015年9月于香港与野猪关注组理事黄贤豪先生进行之访谈内容。

〔33〕 巴里·谢尔敦（Barrie Shelton）等著，胡大平、吴静译：《香港造城记》（香港：生活·读书·新知三联书店，2015），页13、179。

〔34〕 《城市与自然：亲密的陌生人》，页185。

〔35〕 石虎议题可参考陈美汀：《石虎保育谁的事——你愿意放弃"过得更好"的权利吗？》，《鸣人堂》，2017/04/06。

〔36〕 由此观之，我们对于"城市动物"的想象其实也必须调整，例如加拿大必须面对的是北极熊因气候异变、觅食不易，而闯入民宅的情况，如果还认为城市动物只限猫狗或老鼠、鸽子，恐怕无法充分回应当代人与动物关系的状况。

〔37〕 有关被视为同伴动物的猫狗是否为外来种的争议，以及放养猫狗与野生动物之间造成的冲突，将于第四章中讨论，本章重点将以一般野生动物的外来种为主。

〔38〕 如《外来物种侵遍全球各地 科学家称或毁灭地球》，"阿波罗新闻网"，2012/07/31，谈论的即是外来种依靠人类的交通工具严重威胁到当地生物多样性的状况；另如李淑兰、陈显坤报道：《弃养绿鬣蜥个案增 南部野外繁殖迅速》，《公视新闻》，2016/07/30；黄宇恒：《请不要放生：野生金鱼成入侵物种，破坏淡水生态》，《关键评论》，

2016/08/18，都提到了类似的不当放养行为造成的生态浩劫。

［39］ 艾伦·柏狄克（Alan Burdick）著，林伶俐译：《回不去的伊甸园：直击生物多样性的危机》（台北：商周出版，2008），页265。

［40］ 同上书，页27。

［41］ 同上书，页20。

［42］ 同上书，页86。

［43］ 同上书，页86—87。

［44］ 引自前注书，页244—245。

［45］ 事实上，当我们选择使用"入侵物种"一词时，已隐含某种生物优势的意义，柏狄克在书中引用生物学家马克·戴维斯（Mark Davis）的说法，分析了不同词汇背后看待这些非原生物种的隐含态度：在早期多数科学家会使用较中性的词汇，如"引入的"（introduced）、"非原生的"（non-native）、"建立族群"（founding populations）等，相对而言，"异种"（alien）、"外来的"（exotic）、"入侵者"（invader）则隐含负面意涵。同上书，页237—238。

［46］ 有关外来种的报道相当多，值得一提的是，文中所引之外来种案例发生原因皆不同，有肇因于人为刻意引入而失控的，也有非法走私宠物所造成，但埃及圣鹮一例则是由动物园逃逸繁衍所造成。参见潘欣中报道：《"水鸟乐园"危机 外来种吃掉原生种》，"联合新闻网"，2017/01/03。

［47］ 许智钧报道：《保护原生种 学生组队抓亚洲锦蛙》，《中时电子报》，2015/05/14。

［48］ 庄哲权报道：《白尾八哥掠食麻雀 生态警讯》，《中时电子报》，2015/07/15。

［49］ 与此相反的状况是，对于野外族群太少且因栖地劣化无法主动向外扩散的动物族群，异地繁殖就成为考量的选项之一。

［50］ 《回不去的伊甸园》，页246。

［51］ 例如捕获沙氏变色蜥可以得到三元奖金，见《抓对宝可换钱 嘉义奖励捕捉外来种蜥蜴》，《青年日报》，2016/09/07；又如2013年台湾爆发狂犬病恐慌时，云林曾推出抓狗送白米的活动，见《古坑乡"抓狗送白米"奇招喊卡 但被捉猫狗即将安乐死》，"ETNEWS"，2013/08/06。

［52］ 辛克里夫以野雁为例，伦敦圣雅各公园（St. James's Park）每年约有数百只野雁遭灭音枪猎杀，在米尔顿·凯恩斯(Milton Keynes)会将野雁蛋从巢中取出煮熟再放回，

让野雁无法孵育下一代。见《骚动的城市：移动／定着》，页182—183。另外，绝育也是目前处理野生动物问题时的一种选项，例如香港的野猪问题，有关单位曾提议为野猪结扎，台湾的巴西龟也有绝育案例。但整体而言仍不普遍。

[53] 《回不去的伊甸园》，页410。

[54] 郑宇晴报道：《澳洲海蟾蜍肆虐 学者吁人道解决》，《台湾醒报》，2015/05/27。

[55] 《回不去的伊甸园》，页122。

[56] 《逃避主义》，页152。

[57] 同上书，页150。

[58] 同上书，页159—160。

[59] 猕猴自拍事件，甚至引发一系列动物肖像权的争议。2011年，摄影师大卫·史雷特（David J Slater）在印尼苏拉威西岛国家公园（Island of Sulawesi）拍摄濒临绝种的黑冠猕猴（黑冠猴），结果猴子抢走他的相机，拍下多张自拍照。维基百科把猴子自拍照放到网站后，史雷特认为自己拥有版权，要求撤下照片，但维基百科认为这些照片是"非人类的动物作品，版权属于公有"，美国著作权局的裁定认为维基百科胜诉；之后又有动物维权人士主张，既然照片是猕猴自己所拍，理应拥有照片的所有权，因而代替猕猴提出诉讼，虽然最后法院仍判定动物并未具有自己的著作权，但由此引发的关于动物是否具有自己的著作与肖像权的思考，无疑为动物权利的议题带来一些新的激荡。参见：《当猕猴拿起相机"自拍"，它能拥有那张照片的"著作权"吗?》，《关键评论》，2017/07/19。

3 同伴动物篇 I：当人遇见狗

[1] 本章曾刊登于《鸣人堂》专栏，分别为2017/06/29《从动物到宠物：人与狗的互动史》、2017/07/04《从宠物到流浪动物：在城市的暗处》、2017/07/07《动物还是食物？文明框架下的人狗关系》，如有需要可参阅电子版。

[2] 如《搜救犬桑妮出动救援负伤 发出"呜呜"声想继续搜救》，"ETNEWS"，2016/02/06。

[3] 壹周刊人物组：《有故事的人，坦白讲。——那些爱与勇气的人生启示》(台北：时报出版，2016)，页187。

[4] 大卫·葛林姆(David Grimm)著，周怡伶译:《猫狗的逆袭:荆棘满途的公民之路》

（台北：新乐园出版，2016），页 139。

［5］ 同上书，页 146。

［6］ 徐伟真报道：《"动保法"三读通过 吃猫狗最高罚 25 万》，"联合新闻网"，2017/04/12。

［7］ 约翰·荷曼斯（John Homans）著，张颖绮译：《狗：狗与人之间的社会学——从历史·科学·哲学·政治看狗性与人性》（台北：立绪文化，2014），页 10。

［8］ 关于猫狗在西洋画作中象征意义的变化，可参看《猫狗的逆袭》，页 73—81。

［9］《狗：狗与人之间的社会学》，页 216。

［10］ 同上书，页 217。

［11］ 同上书，页 217。

［12］ 同上书，页 218—221。

［13］ 哈尔·贺佐格（Hal Herzog）著，李奥森译：《为什么狗是宠物？猪是食物？——人类与动物之间的道德难题》（台北：远足文化，2016），页 213。

［14］ 同上书，页 198—200。

［15］ 美国比特斗牛犬（American Pit Bull Terrier），《为什么狗是宠物？猪是食物？》一书中译为"斗牛犬"，亦有"比特犬"之译法，为免与其他斗牛犬种混淆，故仍称其为"比特斗牛犬"。

［16］《为什么狗是宠物？猪是食物？》，页 195。

［17］ 同上书，页 198。

［18］《狗：狗与人之间的社会学》，页 259。

［19］ 同上书，页 259。

［20］《狗：狗与人之间的社会学》，页 178。人字旁的"他"为原书之用法，非误植。

［21］ 引自《为什么狗是宠物？猪是食物？》，页 123。

［22］ 引自前注书，页 124。

［23］ 露西·沃斯利（Lucy Worsley）著，林俊宏译：《如果房子会说话：家居生活如何改变世界》（台北：左岸文化，2014），页 316—318。

［24］ 引自胡文·欧江（Ruwen Ogien）著，马向阳译：《道德可以建立吗？——在面包香里学哲学，法国最受欢迎的 19 堂道德实验哲学练习课》（台北：脸谱出版，2017），页 166。

［25］ 引自前注书，页 166。

［26］《为什么狗是宠物？猪是食物？》，页128—133。

［27］同上书，页132。

［28］《狗：狗与人之间的社会学》，页80—81。

［29］同上书，页93。

［30］同上书，页99。

［31］同上书，页91。

［32］同上书，页100—105。

［33］《猫狗的逆袭》，页371—372。

［34］《犬殇专题之三：狗没发狂，政府抓狂——学者及民间团体对防疫政策的建言》，"关怀生命协会"网站，1997/03/01。

［35］台湾的"动物保护法"于1998年正式公告施行。

［36］由于喂养流浪动物者以女性较多，一般民众往往以"爱心妈妈"或"爱妈"一词，指称这些在街头喂养流浪猫狗，或是在私人土地上大量收容流浪动物的女性。"爱妈"一词其实隐含贬义，甚至曾有人刻意以谐音"碍妈"称之。但所谓爱心妈妈其实形形色色，可参阅林忆珊：《狗妈妈深夜习题：10个她们与它们的故事》（台北：无限出版，2014）一书。另外，导演朱贤哲于1996年拍摄的纪录片《养生主》，纪录了板桥浮洲桥流浪狗收容所狗吃狗事件后，杨秋华与汤妈妈这两位"爱心妈妈"，到这个名为收容所实为垃圾场之处，照顾两三百只流浪狗的故事，可说是相当深刻的爱心妈妈与流浪狗关系之素描。见公共电视纪录片平台。

［37］《古坑乡"抓狗送白米"奇招喊卡 但被捉猫狗即将安乐死》，"ETNEWS"，2013/08/06。

［38］有感于这波狂犬病恐慌所引发的各种动物伤害，若干志工在网络上号召了文艺界人士共同发起"放它的手在你心上"网络串写活动，并规划一连串全台巡讲。可参阅"放它的手在你心上"志工小组编：《放它的手在你心上》（台北：本事文化，2013）。

［39］事实上，目前收容所的政策并非"零安乐死"，而是取消原本公告十二日之后予以扑杀的政策，重病的犬只仍可施行安乐死。因此称之为"零扑杀"较为精确，但因坊间仍通称为零安乐，故本章中并未刻意区隔此两种概念。

［40］王瑄琪、庄曜聪、许瀚分报道：《残忍！嘉县收容所超载32狗被活活热死》，《中时电子报》，2016/04/26。

［41］ 关于零安乐的种种争议，可参阅《零安乐死政策 流浪动物的新天堂乐园?》，《报导者》，2016/11/15。

［42］ 以下关于杜韵飞与骆以军的讨论，系整理自笔者《城市流浪动物的"生殇相"——以骆以军、杜韵飞作品为例》，《中外文学》第 42 卷第 1 期（2013.3），页 107—128。

［43］ 杜韵飞：《生殇相：流浪犬安乐死日最终肖像》，"诚品站"，2010/12/10。引文之楷体为笔者强调。

［44］ 杜韵飞：《五年创作，只为那唯一的经典照片》，"诚品站"，2011/09/13。

［45］ 罗兰·巴特（Roland Barthes）著，赵克非译：《明室：摄影纵横谈》（北京：文化艺术，2003），页 125。

［46］ 许绮玲：《寻找〈明室〉中的〈未来的文盲〉》，收于刘瑞琪编：《近代肖像意义的论辩》（台北：远流出版，2012），页 337。

［47］ 同上书，页 344。

［48］ 苏珊·桑塔格（Susan Sontag）著，陈耀成译：《旁观他人之痛苦》（台北：麦田出版，2010），页 51。

［49］ 杜韵飞：《不让空山松子落》，"诚品站"，2011/01/04。

［50］《宙斯》原刊登于《印刻文学生活志》第 107 期（2012.7），页 44—66；后收录于长篇小说《女儿》（台北：印刻出版，2014）。

［51］ 骆以军：《路的尽头（之一）》，《壹周刊》第 557 期（2012.1），页 138。

［52］ 骆以军：《路的尽头（之二）》，《壹周刊》第 558 期（2012.2），页 123。

［53］《宙斯》，页 65。

［54］ 同上书，页 63—66。

［55］《路的尽头（之二）》，页 122。

［56］ 事实上，许多边缘族群与动物之间反而建立起更动人的依附关系。《无家者：从未想过我有这么一天》（台北：游击文化，2016）一书中，就记述了一则街友伯伯与猫的故事，可参阅该书，页 90—107。

［57］《宙斯》，页 50。

［58］《路的尽头（之二）》，页 123。

［59］《宙斯》，页 53。

［60］《路的尽头（之一）》，页 138。

［61］ 汤马斯·詹戈帝塔（Thomas de Zengotita）著，席玉苹译：《媒体上身：媒体如何改变你的世界与生活方式》（台北：猫头鹰出版，2012），页 34。

［62］ 庄曜聪报道：《职训加码 工作犬头路更多元》，《中时电子报》，2017/03/30。

［63］ 李振豪专访：《朱增宏番外篇：路人来到养猪场》，《镜传媒》，2017/05/31。

［64］ 同上。

［65］ 关于地方饮食文化是否应该运用保育观或法律进行约束的争议，其实不乏其例。强纳森·法兰岑（Jonathan Franzen）在《到远方："伟大的美国小说家"强纳森·法兰岑的人文关怀》（台北：新经典文化，2017）一书中，就曾详述塞浦路斯（Cyprus）地区虽然已明文规定食用黑头莺违法，但当地以陷阱诱捕的状况仍非常普遍，民众亦缺乏相对的认知，因为"食物在这里是神圣的"。见该书，页 75。

［66］ 如卢素梅报道：《动保团体推不吃狗肉倡导片 名作家朱天心现身力挺》，"三立新闻网"，2016/04/22。

［67］ 如《钢圈勒脖还乱棒敲死 峇里岛卖的狗肉是如此残忍》，"ETNEWS"，2017/06/20。

［68］ 梅乐妮·乔伊(Melanie Joy)著，姚怡平译：《盲目的肉食主义：我们爱狗却吃猪、穿牛皮?》（台北：新乐园出版，2016），页 21。

［69］ 因此，对于移工吃狗引发的争议，其中一个关键在于，如何让不知情成为知情，亦即如何真正落实倡导？由此亦可看出许多社会议题需要跨领域的对话与合作。"台湾动物社会研究会"于 2015 年 11 月 13 日假世新大学办理之"动保、移工——运动的十字路口论坛"，即为跨领域对话的一次尝试。

［70］《动保界强烈抗议下 家乐福中国分店将狗肉产品下架》，《香港动物报》，2017/06/16。

［71］ 约书亚·格林（Joshua Greene）著，高忠义译：《道德部落：道德争议无处不在，该如何建立对话、凝聚共识？》（台北：商周出版，2015），页 419。

［72］《"被消失"的玉林狗肉节》，《北京青年报》，2014/06/17。

［73］ 丹·巴柏（Dan Barber）著，郭宝莲译：《第三餐盘》（台北：商周出版，2016），页 182。

［74］ 同上书，页 201。

［75］ 邓紫云（兜兜）：《动物国的流浪者》（台北：启动文化，2016），页 180。

［76］ 同上书，页 180。

4 同伴动物篇 II：在野性与驯养之间

［1］ 引自戴特勒夫·布鲁姆（Detlef Bluhm）著，张志成译：《猫的足迹——猫如何走入人类的历史？》（台北：左岸文化，2006），页213。

［2］ 引自前注书，页61。

［3］ 引自前注书，页64。

［4］ 引自前注书，页64。

［5］ 猫在中世纪时被基督教视为异教徒的象征、恶魔的同路人，因此在猎杀女巫的同时，经常一并将猫陪葬，加上瘟疫流行的期间，人们普遍认为瘟疫蔓延乃妖魔作祟，猫身为"撒旦的化身"，因此被当成引发瘟疫的元凶，当时为了驱除疫病，甚至会将猫视为祭品活埋入墙中。对猫的大规模屠杀、虐待与妖魔化的现象，直到文艺复兴时期才逐渐得到扭转。同上书，页38—46；亦可详见罗伯·丹屯（Robert Darnton）著，吕健忠译：《猫大屠杀——法国文化史钩沉》（台北：联经出版，2005）。

［6］ 猫在文学中的负面形象，以米盖尔·布尔加科夫（Mikhail Bulgakov）《大师与玛格丽特》中的大黑猫贝黑摩斯为代表，它自私粗暴，连身为主人的魔鬼都无法制伏它。参见《猫的足迹》，页70—71。艾比盖尔·塔克（Abigail Tucker）则在《我们为何成为猫奴？这群食肉动物不仅占领沙发，更要接管世界》（台北：红树林出版，2017）一书中引用作家丹尼尔·恩伯（Daniel Engber）的说法，认为相较于狗在文学作品中角色形象的丰富多元，猫不只篇幅远不如狗，而且它们的存在往往具有强烈象征意义，是"全然的寂静或剧烈的暴力的烘托剂"，它们以飘忽的形象穿梭在诗当中，却很少有令人印象深刻的长篇文学作品。见该书，页257—258。至于在艺术作品中，猫亦时常肩负着阴暗、背叛或贪婪的典型象征，如雅格布·巴萨诺（Jacopo Bassano）的《最后的晚餐》（The Last Supper），就以猫的角色象征犹大背叛的坏消息。参见井出洋一郎著，李瑗祺译：《藏在名画里的秘密：不只技法和艺术，最关键是隐藏在画里的真相》（台北：三采文化，2016），页32—33。不过，也有许多画家在作品中置入猫的形象，主题和象征仍有相当丰富的可能，《藏在名画里的秘密》就收录了七十多幅艺术史上的"猫画"，可参阅之。（大陆版书名译为《名画里的猫》。——编者注）

［7］ 猫站长（たま／Tama）是日本和歌山电铁贵志川线的贵志站长，小玉的饲主原是车站内的商店老板，因猫屋将被拆除，饲主请求和歌山电铁社长让猫住在车站里，社长灵机一动聘请小玉"终身担任"已因人口流失成为无人车站的贵志站长，每年年

薪为一年份猫粮。小玉 2007 年 1 月 5 日"上任"后大受欢迎，为当地带来大量游客与观光财；黄阿玛与忌廉哥则是透过网络社群媒体成功吸纳粉丝的例子，黄阿玛被收养后，饲主成立"黄阿玛的后宫生活"粉丝团，粉丝人数破百万，之后出版实体书与 Line 贴图等相关商品；忌廉哥是香港尖东一家报档饲养的猫，深受游客与街坊喜爱，除了出版书籍之外，还曾拍摄广告。以上相关报道可参见周静芝：《Google 首页图案 祝猫站长小玉生日快乐》，《今日新闻》，2017/04/29；《香港第一人气肥猫》，"宠毛网"，2013/12/02。

〔8〕 李仁渊：《猫儿契》，"芭乐人类学"网站，2015/11/19。本文改写自《"中央研究院"电子报》第 1542 期，2015/11/12。以下有关猫儿契内容皆整理与引用自李仁渊，不再另加脚注。

〔9〕《猫的足迹》，页 260。

〔10〕 同上书，页 259。

〔11〕《俄罗斯猫咪图书馆员好忙碌 睡觉散步撒娇月领 30 袋猫食》，"ETNEWS"，2013/09/16。

〔12〕《日本花猫站长小玉辞世 五岁二玉接班》，《今日新闻》，2015/08/12。蔡玟君报道：《和歌山"猫站长实习生"值勤中！想当站长必须有这三条件》，"ETNEWS"，2017/03/13。

〔13〕 北京观复博物馆收养了六只猫，日前它们的故事已出版为马未都：《观复猫：博物馆的猫馆长》（北京：中信出版社，2016）。

〔14〕 多丽丝·莱辛（Doris Lessing）著，彭倩文译：《特别的猫》（台北：时报文化，2006），页 72。

〔15〕《特别的猫》，页 135—136。

〔16〕 同上书，页 119。

〔17〕 同上书，页 28。

〔18〕 同上书，页 12。

〔19〕 同上书，页 18—21。

〔20〕 同上书，页 30。

〔21〕 同上书，页 31。

〔22〕 同上书，页 139。

〔23〕 同上书，页 82。

〔24〕 朱天心：《猎人们》（二版）（台北：印刻文学，2013），页 38。

［25］ 以下有关《猎人们》的评述，部分整理及引用自笔者《生命伦理的建构：以台湾当代文学为例》（台北：文津出版，2011），页165—184。

［26］《猎人们》，页64。

［27］ 同上书，页25—26。

［28］ 同上书，页68。

［29］ 同上书，页47。

［30］ 同上书，页178。

［31］ 引自钱永祥：《努斯鲍姆的动物伦理学新论》，《思想》第1期（2006.3），页293。

［32］ 同上书，页293。

［33］《猎人们》，页141。人字旁的"他"为原书中用法，非误植。

［34］ 关于这个问题，国外的许多文献，无论看法与数据皆相当分歧。例如曾有报道指出：美国"一份研究报告显示，猫才是野生动物的最大威胁，每年有数十亿只动物丧生于猫爪下。研究报告估计，每年有14亿到37亿只的鸟类与69亿到207亿只的哺乳动物被猫杀死，每年丧生在猫爪下的动物数量，比起被车撞死、撞到大楼或被毒死的数量要多得多"。参见谢豪报道：《野生动物最大威胁 竟是来自猫》，《台湾醒报》，2013/01/31。但布鲁姆在《猫的足迹》一书中以美国和德国有关路杀猫的胃内容物研究指出，猫的胃中有鸟肉的比例相当低，平均起来大约每十五天出现一次鸟肉。他认为把猫贴上鸟类杀手的标签，恐怕只是转移大家的注意力，忘记人才是鸟的头号敌人的事实（页212）。塔克在《我们为何成为猫奴？》一书中则以澳洲为例，主张"家猫绝对有可能导致物种灭绝，尤其是在岛屿"（页92）。因为孤立的岛屿在缺乏当地掠食者的情况下，家猫很容易就会空降为食物链的最顶端（页107）。无论如何，猫对于某些已经岌岌可危的岛屿物种来说，确实有可能成为压死骆驼的最后一根稻草，这是不容否认的。只是，在我们责怪这"最后一根稻草"，并且如许多地区已在尝试进行的大规模扑杀这根"稻草"之前，更不该忘记的是，在这根"稻草"出现之前，究竟发生了什么事？就像塔克所举出的大礁岛林鼠的例子，仅存数量已极度濒危的它们，悲剧早在19世纪初就已展开："当时的农民夷平了硬木群落，种植凤梨树。情况到了20世纪更是恶化，大规模建案将这片昔日的珊瑚礁彻底改变。接着度假的人带着家猫来到这里，剩下的林鼠便几乎都作古了。"（页89）知名的生物学家爱德华·威尔森（Edward O. Wilson）在其《半个地球》（台北：商周出版，2017）一书中，亦提出人类活动中最具破坏力的五个项目依序为ＨＩＰＰＯ，

也就是栖地破坏、入侵物种、污染、人口成长与过度猎取。他提醒我们："大多的灭绝事件的原因不止一种，各原因之间的关系错综复杂，不易理清，但追究到最终原因，都得归罪于人类的活动。"（页73—76）如果认为扑灭猫就可以拯救濒危动物的存续，毕竟还是太简化与轻描淡写人类作为该承担的责任了。无论如何，关于猫在目前野外生态环境中造成的威胁，确实是各方价值观相当分歧的无解难题，不同生态环境下的研究结果也可能殊异，需要结合不同地区的特殊因素一并考量。但搜集更多相关数据研究，仍是未来应该继续发展的方向。以上有关《我们为何成为猫奴？》一书之引述与讨论，见笔者《喵星球崛起？〈我们为何成为猫奴？〉》，《镜文化》，2017/08/11。

［35］ 事实上，无论是都市中生活的处境，以及TNVR引发的争议，猫和狗的状况都不完全相同，甚至狗的放养对猫也可能带来威胁，台湾就发生过多次猫狗志工为此冲突的案例。但由于在谈论强势外来种问题时，猫狗常被相提并论，因此在此处将狗的讨论一并纳入，未特别细分两者。

［36］ 爱它就带它回家之说，看似合理，却将整个城市的流浪动物问题，回归到"有爱之人"的责任，且带它回家之后，还可能造成过度收容、不当饲养等后续问题，在源头未同步解决的状况下，过度收容只会成为无解的循环。

［37］ 黄宗慧、刘克襄：《凝视地表三十公分的骄矜与哀愁：黄宗慧对谈刘克襄》，《印刻文学生活志》第132期（2014.8），页48—61。

［38］ 朱天文：《我的街猫邻居／带猫渡红海（上）》，《联副电子报》，2013/11/19，《我的街猫邻居／带猫渡红海（下）》，《联副电子报》，2013/11/20。

［39］ 刘克襄：《虎地猫》（台北：远流出版，2016），页196—197。

［40］ 以下有关刘克襄《虎地猫》的讨论，部分整理并引用自笔者《在移动中寻路：从刘克襄的香港书写论港台环境意识之对话与想象》，《东华汉学》第25期（2017.6），页203—228。

［41］《虎地猫》，页14。

［42］ 彼得·艾迪（Peter Adey）著，徐苔玲、王志弘译：《移动》（台北：群学出版，2013），页40。

［43］ 同上书，页40。

［44］ 吴明益：《家离水边那么近》（台北：二鱼文化，2007），页143。

［45］ 同上书，页195。

［46］ 李育霖：《拟造新地球：当代台湾自然书写》（台北：台湾大学出版中心，

2015），页 96。

〔47〕 李育霖亦曾以流变动物的观点诠释刘克襄在《虎地猫》之前的动物小说。可参阅《拟造新地球》第三章《动物政治：刘克襄的鸟人学程》。

〔48〕《虎地猫》，页 58。

〔49〕 同上书，页 44。

〔50〕 同上书，页 64。

〔51〕 同上书，页 194。

〔52〕《移动》，页 159—161。

〔53〕《虎地猫》，页 217—218。

〔54〕《凝视地表三十公分的骄矜与哀愁：黄宗慧对谈刘克襄》，页 59。

〔55〕 何宜报道：《淡水有猫 人间有情》，"台湾动物新闻网"，2014/11/19。

〔56〕 李姿仪报道：《猫奴都要融化了！隐身巷弄的台南三大猫咪景点》，"ETNEWS"，2016/09/10。

〔57〕 游明煌报道：《向猫村看齐 基隆"猫巷"古锥取胜》，"台湾动物新闻网"，2017/01/15。

〔58〕 弃养问题一直是困扰猴硐的现象，直至 2016 年，在猫口均已结扎造册的情况下，仍短短半年就有五十只左右的弃猫。参见李娉婷报道：《猴硐猫口窜升 半年涌入五十只弃猫》，"台湾动物新闻网"，2016/07/29；许多人以为猫到当地就会有妥善照顾，但事实是家猫难以适应野外环境，往往很快就感染疾病甚至死亡。2017 年 4 月间就发生一起金吉拉被弃，三日内就死亡的案件。参见徐国衡报道：《狠心！家猫遭弃养猴硐"猫村"短短三天身亡》，"TVBS NEWS"，2017/04/27。

〔59〕 如韩国作家李龙汉走访世界各地寻猫、拍猫，并观察人猫互动点滴的《行路远方，与猫相爱的练习曲：一个猫痴摄影师横跨欧、亚、非，绕地球两圈半的追猫纪行》（台北：山岳出版，2016）一书，在台湾的部分他以猴硐、九份、淡水与华西街为题进行观察，就认为"猫村这样的成功案例，值得韩国人在废矿村或离岛等地仿效"（页283）；并形容"在没有完善规划的情况下把旧矿村改建成猫村，虽然可以保有其自然的面貌，却显得有点草率，这一点有些可惜。然而，这样的遗憾只占了一成，其余九成，我只有羡慕再羡慕"（页 293）。

〔60〕 有关猴硐地区各种身份角色间的理念冲突与矛盾，可参阅《猫奴的诞生：猴硐观光化下的分歧、冲突与权力》，"自由评论网"，2015/07/29。

[61] 当然，也有部分以猫狗为特色的商家，兼具中途或送养的功能，将动物议题的倡导与商业模式结合。但是若以"和动物互动"作为吸引顾客的方式，动物很容易沦为商品化模式下的牺牲品，除了猫咖啡之外，近年许多备受争议的"猫头鹰咖啡馆"，就被批评饲养环境与照料方式皆不符合动物福利的要求。参见环境信息中心报道，《被强迫互动 联署吁终止猫头鹰咖啡》，"台湾动物新闻网"，2016/07/26。

[62] Chris Philo and Chris Wibert, "Feral cats in the city" in Animal spaces, beastly places（London: Routledge, 2000）,p. 64. 此段有关菲洛与威柏特之研究与相关讨论，系摘录并改写自笔者《论吴明益〈天桥上的魔术师〉之怀旧时空与魔幻自然》，《东华汉学》第 21 期（2015.6），页 231—260。

[63] 海明威（Ernest Hemingway）著，陈夏民译：《一个干净明亮的地方：海明威短篇杰作选》（桃园：逗点文创结社，2012），页 99。

[64] 残酷虐猫案各地皆时有所闻，以台湾为例，近几年较为人知者，至少就包括：连续抛摔与挤压幼猫腹部等方式使其死亡的台大李姓前博士生；以微波炉残酷烹杀室友爱猫的郑姓男子；连续虐杀青田街亲人街猫"大橘子"与餐厅店猫"斑斑"的陈姓台大侨生。新闻请参见：郭逸君报道：《台大生再涉杀猫 北市动保处长：要查》，"联合新闻网"，2016/08/11。

[65]《我的街猫邻居／带猫渡红海（上）》。

5 经济动物篇：猪狗大不同

[1] 黄宗慧：《是蛇还是小女孩？——〈爱丽丝梦游奇境〉中的人与动物关系》，《英语岛》，2015 年 6 月号。

[2] 路易斯·卡若尔（Lewis Carroll）著，王安琪译注：《爱丽丝幻游奇境与镜中奇缘》（台北：联经出版，2015），页 394—395。

[3] 同上书，页 395。

[4] 约翰·柯慈（John Maxwell Coetzee）著，林美珠译：《伊丽莎白·卡斯特洛》（台北：小知堂文化，2005），页 123。

[5] 同上书，页 123。

[6] 卡罗·亚当斯（Carol J. Adams）著，方淑惠、余佳玲译：《素食者生存游戏——轻松自在优游于肉食世界》（台北：柿子文化，2005），页 16。

[7] 黄梓恒报道：《肥妈节目拣猪出事 影住成只冰鲜乳猪观众闹残忍》，《香港

01》，2017/04/27。

〔8〕 梅乐妮·乔伊（Melanie Joy）著，姚怡平译：《盲目的肉食主义：我们爱狗却吃猪、穿牛皮？》（台北：新乐园出版，2016），页25、109。

〔9〕 罗尔德·达尔（Roald Dahl）著，吴俊宏译：《猪》，《幻想大师Roald Dahl的异想世界》（台北：台湾商务印书馆，2004），页364。楷体为原书所标示，英文为笔者补充。此外，中译本在多处菜名的翻译上有误，在阅读上可能会造成误解，姑婆和雷辛顿每天餐桌上的部分食物是将传统菜单中的荤食改为自创的各种素食口味，因此小说中翻译的"牛柳""兔肉"或雷辛顿一开始在餐馆中想点的"玉米煎肉片"，都不是荤食。

〔10〕 任韶堂（Dan Jurafsky）著，游卉庭译：《餐桌上的语言学家：从菜单看全球饮食文化史》（台北：麦田出版，2016），页175。

〔11〕 彼得·辛格（Peter Singer）著，孟祥森、钱永祥译：《动物解放》（台北：关怀生命协会，1996），页184。

〔12〕 参见哈尔·贺札格（Hal Herzog）著，李奥森译：《为什么狗是宠物？猪是食物？——人类与动物之间的道德难题》（台北：远足文化，2016），页77—79。

〔13〕 关于语言的使用如何反映我们对议题的敏感度之讨论，请参阅笔者《地砖、即期品与气球：如何提高对社会议题的敏感度？》，《鸣人堂》，2016/12/20。

〔14〕《为什么狗是宠物？猪是食物？》，页98。

〔15〕 荒川弘著，方郁仁译：《银之匙1》（台北：东立，2012），页157。

〔16〕《猪》，页370。

〔17〕 引自史蒂芬·赫勒（Steven Heller）、艾琳诺·派蒂（Elinor Pettit）著，郭宝莲译：《34位顶尖设计大师的思考术》（台北：马可孛罗出版，2009），页228。

〔18〕 厄普顿·辛克莱（Upton Sinclair）著，王宝翔译：《魔鬼的丛林》（台北：柿子文化，2005），页50。

〔19〕 参见碧·威尔森（Bee Wilson）著，周继岚译：《美味诈欺：黑心食品三百年》（台北：八旗文化，2012），页205—216。

〔20〕 强纳森·萨法兰·佛耳（Jonathan Safran Foer）著，卢相茹译：《吃动物》（台北：台湾商务印书馆，2011），页173、241。

〔21〕 索妮亚·法乐琪（Sonia Faruqi）著，范尧宽、曹嬿恒译：《伤心农场：从印尼到墨西哥，一段直击动物生活实况的震撼之旅》（台北：商周出版，2016），页52—55。

［22］麦可·波伦（Michael Pollan）著，邓子衿译：《杂食者的两难：快餐、有机和野生食物的自然史》（台北：大家出版，2012），页 322—323。此外，他也提到，为了减轻高密度饲养带来的压力，业界最新的倡议是，干脆以遗传工程移除猪和鸡的"压力基因"。类似的想法与常识近年来时有所闻，包括颇具争议的"垂直农场"提案，在去除鸡的感受机制后，不只可以将"不必要"的鸡脚除去，让饲养密度更加提升，而且动物并不会因此感到"痛苦"。参见《"无脑鸡"不懂怕 以营养管喂食如在〈黑客任务〉母体》，"ETNEWS"，2012/03/01。看似荒谬的发明，说明了其实人们并非未曾意识到蛋鸡在高密度饲养环境中的问题，但相对的，这种科技引发的道德争议则更耐人寻味，值得深入讨论。

［23］关于蛋鸡、肉鸡、猪、牛等经济动物各自不同的遭遇，可详阅《动物解放》，该书出版至今虽已数十年，但工业化农场中的许多状况并未改善，而书中提出的五项基本自由——转身、舔梳、站起、卧下和伸腿（页 257—263）——至今许多母鸡、母牛、母猪和小肉牛仍无法获得。

［24］杨淑闵报道：《宰前灌水充胖 虐牛十年不绝》，《新唐人》，2012/06/28；《黑心商贩给肉牛灌水 58 公斤 牛胃破裂当场死亡》，"青岛新闻网"，2015/03/28；林永富：《无良商贩！泥浆硬灌猪体 一头增重 10 公斤》，《中时电子报》，2017/01/03。

［25］《伤心农场》，页 238。

［26］由于原文使用的是人字旁的"他们"而非"它们"，因此在讨论本文的段落亦一律使用"他们"来指涉动物。

［27］李欣伦：《他们的身体在路上》，《此身》（台北：木马文化，2014），页 125—129。

［28］同上书，页 121。

［29］同上书，页 122。

［30］天宝·葛兰汀（Temple Grandin）、凯瑟琳·强生（Catherine Johnson）著，刘泗翰译：《倾听动物心语》（台北：木马文化，2006），页 37—61。

［31］丹·巴柏（Dan Barber）著，郭宝莲译：《第三餐盘》（台北：商周出版，2016），页 167。

［32］朱立安·巴吉尼（Julian Baggini）著，谢佩妏译《吃的美德：餐桌上的哲学思考》（台北，商周出版，2014），页 49—50。这三份菜单中，巴吉尼认为一月的较佳。食材虽然非当季，但食物里程短、有机，且符合动物福利。

［33］ 同上书，页 98—99。

［34］ 同上书，页 78—79。

［35］ 同上书，页 81。

［36］ 以上内容引用并整理自大卫・乔治・哈思克（David George Haskell）著，萧宝森译：《森林秘境：生物学家的自然观察年志》（台北：商周出版，2014），页 221—222。关于《吃的美德》与《森林秘境》两书中关于痛苦与折磨的伦理讨论，参见黄宗慧：《动物伦理的艰难：如何回应（无脸的）它者》，"人・动物・时代志"网站，2017/06/22，该文中亦有关于素食的其他相关讨论可供参考。

［37］ 沃伦・贝拉史柯（Warren Belasco）著，曾亚雯译：《食物》（台北：群学出版，2014），页 XV，关于此食物三角形的介绍见页 12—22。

［38］ 可详阅《第三餐盘》第三部："海洋"的章节，相关段落参见页 232—241、261—264、279—280、288—289。

［39］ 参见韦恩・帕赛尔（Wayne Pacelle）著，蔡宜真译：《人道经济——活出所有生物都重要的原则：在公园及海滩捡起塑胶垃圾；减少个人制造的垃圾；买车选燃油效能高的，多骑脚踏车、走路代替开车》（台北：商周出版，2017），页 108。

［40］《吃的美德》，页 127—129。

6 实验动物篇：看不见的生命

［1］ 参见哈尔・贺札格（Hal Herzog）著，李奥森译：《为什么狗是宠物？猪是食物？——人类与动物之间的道德难题》（台北：远足文化，2016），页 396。

［2］ 彼得・辛格（Peter Singer）著，孟祥森、钱永祥译：《动物解放》（台北：关怀生命协会，1996），页 118。

［3］ 郭强生在为玛格莉特・爱特伍（Margaret Atwood）《洪荒年代》一书所写的推荐序《不一样的爱特伍？》中，指出：爱特伍"对'科幻小说'一词加诸其身，始终尽力辩驳，指称她所写的是'科推小说'（speculative fiction），而非'科幻'。根据她的说法，两者差别在于，'科推'是有根据的推想，甚至合理怀疑这些推想已存在且正在发生中！"参见吕玉婵译：《洪荒年代》（台北：天培出版，2010），页 5。爱特伍在《疯狂亚当》一书中也再次强调："虽然《疯狂亚当》是虚构的作品，但并不包含任何不存在、不在制造中，或理论上不可行的科技或生物体。"参见何曼庄译：《疯狂亚当》（台北：天培出版，2015），页 414。

［4］ 约翰·史坦贝克（John Ernst Steinbeck, Jr.）著，杨耐冬译：《史坦贝克小说杰作选》（台北：志文出版，1993），页118。

［5］ 关于史坦贝克本篇作品中涉及的实验动物伦理思考，可参阅黄宗慧：《从史坦贝克的〈蛇〉谈实验动物伦理》，"人·动物·时代志"网站，2014/04/05。更完整的讨论参见黄宗慧：《当科学家遇上蛇魔女：以史坦贝克短篇故事〈蛇〉为起点重省视觉中心主义之局限》，《中外文学》第40卷第1期（2011.3），页11—47。

［6］ 荷莉·塔克（Holly Tucker）著，陈荣彬译：《血之秘史》（台北：网络与书出版，2014），页64。

［7］ 同上书，页46。

［8］ 同上书，页64—65。

［9］ 同上书，页65—67。

［10］ 如牛津大学的汤玛斯·威利斯（Thomas Willis），在解剖时发现人与动物都有松果腺，因此他相信动物也有灵魂，只是动物拥有的是比较原始的灵魂。参见《血之秘史》，页71—72。

［11］ 以上有关各项活体解剖的实验方式与对输血实验的迷恋，皆同上书所引书，页71，118—120，171，303。

［12］ 爱德华·海斯兰（Edward T. Haslam）著，蔡承志译：《玛莉博士的地下医学实验室：从女医师的谋杀疑云，揭开美国的秘密生物武器实验、世界级疫苗危机及肯尼迪暗杀案的真相》（台北：脸谱出版，2017）。

［13］ 《血之秘史》，页302。

［14］ 相关细节请详阅《动物解放》，第二章。

［15］ 《为什么狗是宠物？猪是食物？》，页354。

［16］ 同上书，页361。

［17］ 胡文·欧江（Ruwen Ogien）著，马向阳译：《道德可以建立吗？——在面包香里学哲学，法国最受欢迎的19堂道德实验哲学练习课》（台北：脸谱出版，2017），页151—153。

［18］ 以下有关北小安《蛙》的分析，系摘录并修润自笔者《生命伦理的建构：以台湾当代文学为例》（台北：文津出版，2011），页19—20。

［19］ 北小安：《蛙》，《中外文学》第32卷第2期（2003.7），页198—199。

［20］ 不过，监督动物实验是否可执行的标准往往也相当不一致，贺札格就指出，

将同样的动物研究提案送交两个不同的委员会审核，大约有 80% 的比例，第二个委员会做出跟第一个委员会不同的决策。他据此认为，科学家们对于一个研究的质量和重要性的看法不只有相当分歧，同样也可能受到道德直觉的影响。参见《为什么狗是宠物？猪是食物？》，页 383—386。

［21］ 以上内容系摘引及整理自赖亦德：《那些"被"各种方式死在课堂上的呢？——谈世界实验动物日的反思》，《奇摩新闻：动物当代思潮专栏》，2016/04/23。

［22］《科学驳斥农委会即将启动之"鼬獾狂犬病毒"活体动物试验 不具防疫与科学的必要性！》，"台湾动物社会研究会"网站，2014/05/22。

［23］ 如王立柔报道：《后事交代好了！动保人士愿代狗接受实验》，《新头壳》，2013/08/19。

［24］ 有关伤残猫性行为实验，以及史匹拉的完整行动过程，请参阅彼得·辛格（Peter Singer）著，绿林译：《捍卫·生命·史匹拉》（台北：柿子文化，2006），页 92—117。

［25］ 以下有关德蕾资测试与 LD50 之说明参见《动物解放》，页 120—124。该书中将"德蕾资"译为"德莱赛"，为便于阅读，本书仍统一使用较常见的译法"德蕾资"。

［26］《捍卫·生命·史匹拉》，页 185—186。

［27］ 有关德蕾资测试与史匹拉之行动过程，参见前注所引书，页 142—176。

［28］《捍卫·生命·史匹拉》，页 198—199。

［29］ 同上书，页 199。

［30］ 钱永祥：《不吃死亡：〈深层素食主义〉中译本导读》，《台湾动物之声》第 38 期（2005.3），页 27。量化素食主义的观点，详见傅可思（Michael Allen Fox）著，王瑞香译：《深层素食主义》（台北：关怀生命协会，2005）。

［31］ 所谓"平等考量"的概念请参见本书《导论》，亦可参见钱永祥：《用道德观点思考动物：启发与局限》，"世界文明之窗"系列讲座之一，2004/03/27。

［32］ 以上内容系引用并修润自笔者《量化实践的运动观：谈〈捍卫·生命·史匹拉〉》，《思想》第 4 期（2007.1），页 284—289。

［33］ 曾芷筠报道：《动物保护之艰难》，《镜传媒》，2017/04/10。

［34］ 以上报道内容系整理自曾芷筠报道：《陪它一段 米格鲁实验犬幸存后》，《镜传媒》，2017/04/10。

［35］ 理察·舒怀德（Richard Schweid）著，骆香洁译：《当蟑螂不再是敌人：从科学、

历史与文化，解读演化常胜军的生存策略》（台北：红树林出版，2017），页141。

　　［36］　同上书，页207。

　　［37］《道德可以建立吗？》，页153

7 当代艺术中的动物：伦理的可能

　　［1］　本章主要引用与修改自笔者《论当代艺术中动物符号的伦理议题》，收录于《全球化下两岸文创新趋势》（台北：新台湾人文教基金会；新北：华艺学术，2015），页1—26。

　　［2］　相关评论及报道，参见洪致文：《桃园地景艺术节背后的航空城开发阴影》，洪致文个人博客，2014/09/06。

　　［3］　相关报道参见《最高两百二十公分 一千六百只熊熊大军来了》，"联合新闻网"，2014/02/22；陈冠鑫整理报道：《熊出没注意！一千六百只纸熊猫快闪台北》，"MOOK景点家旅游生活网"，2014/02/20；黄佳琳报道：《纸熊猫秋游屏东 陪游客草地野餐》，《中时电子报》，2014/09/22。

　　［4］　相关报道参见《Paulo Grangeon来台见国宝 为两百只"纸黑熊"定装》，"ETNEWS"，2014/01/10；陈冠鑫整理报道：《熊猫 × 台湾黑熊 艺术家Paulo Grangeon创作过程大公开》，"MOOK景点家旅游生活网"，2014/01/10。

　　［5］　托比·克拉克（Toby Clark）著，吴需恩译：《艺术与宣传》（台北：远流出版，2003），页20。

　　［6］　唐葆真：《凯尔德的动物雕像》，"人·动物·时代志"网站，2014/04/13。

　　［7］　简维萱：《看得见的熊猫与看不见的》，《鸣人堂》，2014/08/08。

　　［8］《来自中国的礼物》，页279。

　　［9］　有关把动物"可爱化"及其可能产生的负面效应，可参见万宗纶访黄宗洁：《社运中的熊猫、黑熊与石虎》，《地理眼》，2014/04/23。

　　［10］《艺术与宣传》，页177。

　　［11］　同上书，页174。

　　［12］　卡特琳·古特（Catherine Grout）著，黄金菊译：《重返风景：当代艺术的地景再现》（台北：远流出版，2009），页16、19。

　　［13］《看得见的熊猫与看不见的》。

　　［14］《重返风景》，页116。

〔15〕 十个快闪地点分别是：大佳河滨公园、台北市孔庙、捷运大安森林公园站、剥皮寮、凯达格兰大道、新生公园、敦化南路林荫大道、自来水博物馆、四四南村与两厅院。参见展览说明手册。

〔16〕 例如基隆市除了展出小鸭之外，还自行制造了大型金鸡，花莲县于鲤鱼潭放置了巨大化的红面番鸭，之后甚至展出小鸭兵团，陈列了大大小小约十只的"红面小鸭"。

〔17〕 简正峰、温庭萱报道：《黄色小鸭展区 竟出现活小鸭贩卖》，《中时电子报》，2013/10/29。

〔18〕 黄建荧、李雅楹报道：《虐待！活小鸭揽客 冲冷水、供民众拍照》，《中时电子报》，2013/11/05。

〔19〕 郭怡孜：《大的艺术：大黄鸭之父霍夫曼》，"巨亨网"，2013/08/12。

〔20〕 同上。

〔21〕 艾伦·狄波顿（Alain de Botton）、约翰·阿姆斯壮（John Armstrong）著，陈信宏译：《艺术的慰藉》（台北：联经出版，2014），页59—60。

〔22〕 杨慧莉：《鸭爸霍夫曼的观念艺术》，《人间福报》，2013/08/17。

〔23〕 相关新闻可参阅：小鸭爆破，见《查小鸭"爆毙"死因 台大物理系教授傅昭铭：灌太饱了》，"ETNEWS"，2014/01/01；小鸭消气避台风，见《胖兔来·小鸭怕怕！ 上岸消风避风头》，《年代新闻》，2013/09/20。

〔24〕 据说黄色小鸭最初的用意之一是控诉全球暖化、贫富不均与造成此一现象的政商界，但最后小鸭造成的观光与商业热潮似乎与其创作理念背道而驰，这成为黄色小鸭被批评的理由之一。参见《鸭爸霍夫曼的观念艺术》。

〔25〕 以上两例参见埃莱亚·鲍雪隆（Éléa Baucheron）、戴安娜·罗特克斯（Diane Routex）著，杨凌峰译：《丑闻博物馆》（台北：大鹏展翅艺文发展有限公司，2017），页158—159、162—163。

〔26〕 除了黄永砅之外，美籍艺术家夏玛·凯萨琳（Chalmers Catherine）也有类似概念的作品，如《食物链》（Food Chain，1994—1996）自行繁殖了毛虫、螳螂、蟾蜍等生物，再以特写拍下它们猎食与被猎食的模样。差别在于夏玛认为她的作品是为了了解"生命在世界其他角落是如何运作的。一开始，想到我要养一堆动物去喂另一堆动物，用这样的方式来控制繁衍生命，就感到很不妥。可是，只要想想在所有的生态系统中，主要的食物链是如何运作的，就会发现这其中仍是有些道理的。……除了那些令人不舒服的讯

息之外，我也还企图迫使观众在面对自己眼中这些令人厌恶恐惧的虫子时，反身自问：对人类而言，这些虫子是个威胁；那，我们对它们而言，又是什么呢？"(《轻且重的震撼：台北当代艺术馆开馆展》展览手册［台北：台北当代艺术馆，2001］，页62)。两者的差别在于，同样作为表达概念的手段（不论手段适切与否），食物链对黄永砅而言纯然是个隐喻，夏玛想谈的比较接近生命、环境与人的关系。

［27］ 汉妮熙（Nathalie Heinich）著，林惠娥译：《美学界域与伦理学界域：论作品艺术价值与动物性存在价值之争议》，《哲学与文化》第33卷第10期（总389期）（2006.10），页52—54。

［28］ 同上书，页60—61。

［29］ 余思颖编：《蔡国强：泡美术馆》(台北：台北市立美术馆，2009)，页282。

［30］ 虽然水户美术馆官方网站对此作品的说明是：在佛教习俗中，放生是带着人的善念，让鸟与鱼回归天空与池塘，蔡国强欲借此作品表达"解放伴随新的试炼"。至于放生用的250只红雀，是台湾产的红雀，因日本当地的红雀品种已无法自行野外觅食，故选择国外的野生种，且经过专家确认，在水户这样的环境，它们可以在野外生活得很好。但无论如何，异地放养无论就族群或个体来考量，都是需要非常慎重为之的行径。水户美术馆的说明请参见官方网站：www.arttowermito.or.jp/art/history/opensysgj.html。

［31］ Giovanni Aloi, *Art and Animals*（New York: I. B. Tauris, 2012），p. 118.

［32］《我是小黑！八支喇叭对八哥鸟笼轮播 北美馆作品惹议》，"ETNEWS"，2013/01/06。

［33］ 见洪伟于个人博客发表之《"我叫小黑"的伦理问题——兼批TVBS的失格独家》一文，朱骏腾本人对灯光、声音分贝及小黑饲养方式的说明。2013/01/10。

［34］ 值得肯定的是，更多艺术家开始意识到如果在艺术作品中展示动物时，需将动物福利纳入考量，如黄步青《诉说》(2014)这个作品，以台南捡拾的海废品拼成男女人形各一，两者之间以长形网笼放入一对鹦哥象征爱情絮语，展场内另设置梳妆台若干，上置豢养单只鸟的鸟笼，暗示情感的孤寂。以上展品说明参见台北当代艺术馆《门外家园：黄步青个展》展览手册(台北：台北当代艺术馆，2014)。展场并特别设置标语："本馆每日两次更换鸟类饮水及饲料，并请鸟类医生每周三次关心鸟类健康状况，请观众与我们一同爱护它们"，"请轻声细语，勿逗弄、惊吓鸟儿，感谢您的配合"（以上标语为笔者观展所见），现场的确饲料饮水皆充足。然而，以成双成对或形单影只的鸟来指涉爱情，实为非常直接的手法，活鸟的置入比起使用其他替代方式，或许就一个艺术作品

所能蕴含的讯息量而言反倒是更不足的，也就是它缺乏了前述阿洛伊所言的“更成熟更有想象力的做法”。

［35］ 王圣闳：《生命的展示形式及其减损：关于“我是小黑”的争议》，王圣闳个人 Facebook 网志，2013/01/11。

［36］《生命的节奏》，“东方视觉网”网站。

［37］ 同上。

［38］《美学界域与伦理学界域：论作品艺术价值与动物性存在价值之争议》，页 60。

［39］ 同上书，页 53。

［40］ 洪伟于个人博客发表之《回到主场以后——回应迷平台“回到艺术”的要求》，2013/01/12。

［41］ 周至禹：《破解当代艺术的迷思》（台北：九韵文化，2012），页 204。

［42］《生命的展示形式及其减损：关于“我是小黑”的争议》。

［43］ 公共电视台编著，徐蕴康撰稿：《以艺术之名：从现代到当代，探索台湾视觉艺术》（台北：博雅书屋，2009），页 237。

［44］ 同上书，页 238—240。

［45］ *Art and Animals*, pp.115-116,124,127.

［46］ 黄宗慧：《引发贱斥或营造氛围？以赫斯特为例谈当代艺术中的动物（死亡）主题》，“形式·生命 Form-of-Life”研讨会会议论文（台北：台湾师范大学，2014 年 6 月 23 日）。以上阿洛伊的说法亦引自该文。论文全文可参阅 Tsung-huei Huang. "On the Use of Animals in Contemporary Art: Damien Hirst's Abject Art as a Point of Departure." *Concentric: Literary and Cultural Studies* 41.1 (March 2015): 87-118.

［47］ 参见塞琳·德拉佛（Céline Delavaux）、克里斯汀·德米伊（Christian Demilly）著，陈羚芝译：《当代艺术这么说》（台北：典藏艺术家庭，2012），页 71、80。2007 年的《无题》，卡特兰使用的是真马标本，到了 2011 年的回顾展，他制作了五只穿墙马，其中三只是真马，两只则是仿制品。参见《穿墙真马标本在墙外看什么？》，《主场新闻》，2013/01/12。

［48］ 参见《尽管他还活着，卡特兰是世界艺术史上不可忽略的艺术家》，《每日头条》，2017/01/17。

［49］ Michael Wilson: *How to Read Contemporary Art: Experiencing the Art of 21st Century*（New York: Abrams, 2013），p. 88.

［50］ 参见胡莹：《蔡国强〈九级浪〉抵达上海：万物的救赎》，"张雄艺术网新闻"，2014/07/18。

［51］ 根据《蔡国强：泡美术馆》一书中的作品材料说明，《不合时宜：舞台二》和《撞墙》皆标注为"绘制毛皮"，他曾在访谈中说明制作过程："这些动物是我委托福建一家工厂制作完成的，先用泡沫雕塑了一只动物的身体，用胶和沙袋把表皮贴起来，不是动物的皮，再用不同颜色的羊毛贴出动物的图案"，见《蔡国强正把注意力从宇宙转向地球》，《南方都市报》文化副刊，2013/11/29。

［52］ 杨照、李维菁：《我是这样想的：蔡国强》（台北：印刻出版，2009），页 132。

［53］ 王嘉骥：《在空间与时间之间炸出一扇通道：论蔡国强的艺术》，《蔡国强：泡美术馆》，页 43。

［54］《我是这样想的：蔡国强》，页 125。

［55］ 同上书，页 133—134。

［56］《为寄居蟹制人造壳 是保育还是消费？》，"台湾动物新闻网"，2012/09/20。

［57］ 台北市立美术馆《徐冰回顾展》展览手册（台北：台北市立美术馆，2014），页 37。

［58］ 另一方面，徐冰作品中仍不乏使用动物活体的例子，例如他的代表作之一《一个转换案例的研究》（A Case Study of Transference，1994），就是将两只不同品种的猪放在散落许多书籍的围栏内进行交配，公猪身上印着英文字样，母猪身上则印着他另一个作品《天书》中的自创文字。关于徐冰作品中的动物符号运用，笔者另有专文讨论，请参见《论徐冰作品中的动物符号与生态关怀》，《"中央大学"人文学报》第 62 期（2016.10），页 161—194。

［59］ 引自卡特琳·古特（Catherine Grout）著，姚孟吟译：《艺术介入空间》（台北：远流出版，2017），页 240。

［60］ 同上书，页 242。

［61］《我是这样想的：蔡国强》，页 220。

8 被符号化的动物：动物"变形记"

［1］ 雪莉·特克（Sherry Turkle）著，洪世民译：《在一起孤独：科技拉近了彼此距离，却让我们害怕亲密交流？》（台北：时报文化，2017），页 71。

〔 2 〕 同上书，页 82、112。

〔 3 〕 以上有关《在一起孤独》之介绍，系摘录自笔者：《伦理的脸：〈在一起孤独〉》，《镜文化》，2017/02/24。

〔 4 〕 邱志勇：《跨种人类的异体移植：短评黄赞伦〈流变为动物 II——怪物〉展》，《ARTALKS》，2015/08/06。

〔 5 〕 以下介绍之黄赞伦作品图像可参见"工思工作室"（working hard studio）网站。

〔 6 〕 吴垠慧报道：《悲伤羊男遥望 黄赞伦探混种迷思》，《中国时报》，2015/08/19。

〔 7 〕 同上。

〔 8 〕 《跨种人类的异体移植：短评黄赞伦"流变为动物 II——怪物"展》。

〔 9 〕 林宜静报道：《黄赞伦游走真实与虚拟！机器人大举突袭当代馆》，《中时电子报》，2017/01/25。

〔10〕 关于流变动物的概念，李育霖曾有过深入论析，简单来说，"并非变成动物或模仿动物的行为与习性，甚或想象或幻想自己变成描写的动物。相反地，流变动物意味着人与动物之间形构了奇怪的同盟，一条流变的路线穿透彼此，两者的有机体形式与界线已无法明白区辨"。李育霖：《拟造新地球：当代台湾自然书写》（台北：台湾大学出版中心，2015），页 249。原文中该段文字是用以解释几位作家的创作，因此原文为"作家与动物之间形构了奇怪的同盟"，在此为便于理解将"作家与动物"修改为"人与动物"。

〔11〕 西格蒙德·弗洛伊德（Sigmund Freud）著，邵迎生等译：《图腾与禁忌：文明及其缺憾》（台北：胡桃木出版，2007），页 125。

〔12〕 同上书，页 127。

〔13〕 詹姆斯·弗雷泽（James George Frazer）著，汪培基译：《金枝》（台北：桂冠出版，1991）上册，页 19。

〔14〕 同上书，页 27。

〔15〕 同上书，页 35。

〔16〕 同上书，页 55。

〔17〕 同上书，页 64—65。

〔18〕 唐诺：《眼前》（台北：印刻出版，2015），页 89。

〔19〕 同上书，页 105。

〔20〕 同上。

〔21〕 同上书，页 96。

［22］ 引自曾少千、许绮玲主编：《变迁留转：视域之径》（台北：书林出版，2011），页248。

［23］ 引自前注书，页255—256。

［24］ 引自前注书，页248、258。

［25］ 赛伯格是一个复合字，是结合了机器的模控论（cybernetics）和有机体（organism）的混种，亦即模控的有机体（cyberneticorganism）。张君玫：《后殖民的赛伯格：哈洛威和史碧华克的批判书写》（台北：群学出版，2016），页25。

［26］ 同上书，页34。

［27］ 同上书，页34。

［28］ 安伯托·艾可（Umberto Eco）著，彭淮栋译：《美的历史》（台北：联经出版，2006），页381—383。

［29］ 这类故事可参见维若妮卡·坎皮侬·文森（Veronique Campion-Vincent）、尚·布鲁诺·荷纳（Jean-Bruno Renard）著，杨子葆译：《都市传奇：流传全球大城市的谣言、耳语、趣闻》（台北：麦田出版，2003），页40—60。

［30］ 同上书，页57。

［31］ 同上书，页352—361。

［32］ 同上书，页190—197。

［33］ 同上书，页359。

［34］ 同上书，页197—200。

［35］ 引自艾比盖尔·塔克（Abigail Tucker）著，闻若婷译：《我们为何成为猫奴？这群食肉动物不仅占领沙发，更要接管世界》（台北：红树林出版，2017），页15—17。

［36］ Chris Philo and Chris Wibert, "Feral Cats in the City" in *Animal Spaces, Beastly Places*（London:Routledge, 2000），p. 60.

［37］ 同上书，页64。

［38］ 《都市传奇：流传全球大城市的谣言、耳语、趣闻》，页201—202。

［39］ 吴明益：《石狮子会记得哪些事？》，《天桥上的魔术师》（台北：夏日出版，2011），页78。

［40］ 同上书，页79。

［41］ 同上书，页67。

［42］ 黄健敏：《节庆公共艺术嘉年华》（台北：艺术家出版，2005），页35—36。

［43］ 同上书，页20。

［44］ 同上书，页85—86。

［45］ 以上有关芝加哥乳牛大游行之讨论，摘录并修润自笔者《想象海洋：试论建构"在地"海洋文学的几种可能》，《现代中文学刊》2013年第3期（2013.6），页53—59。

［46］ 此活动始于2006年，源于发起人Mike Spits在泰国邂逅了误踩地雷的一只小象Mosha，Mosha也成为首只接受义肢治疗的小象。此展览于2007年在荷兰鹿特丹首度举行，邀请艺术家或名人彩绘后，在主办城市进行巡展与拍卖，所得则作为亚洲象保育基金。2016年亦曾来台展出。相关说明参见2016台湾"大象巡游"网站。

［47］ 蒲岛郁夫著，苏炜婷、江裕真译：《我是熊本熊的上司：提拔吉祥物做营业部长，不怕打破盘子的创新精神》（台北：野人文化，2014），页33—36、53—57。

［48］《可爱吗？澎湖吉贝新地标 网友惊呼"蚌壳鬼娃"》，"联合新闻网"，2017/07/20。

［49］ 村上春树著，赖明珠译：《你说，寮国到底有什么》（台北：时报出版，2017），页272。

［50］ 高翊峰：《乌鸦烧》，《乌鸦烧》（台北：宝瓶文化，2012），页175。

［51］ 同上书，页183。

［52］ 同上书，页188。

［53］ 同上书，页190。

［54］ 同上书，页196。

［55］ 有关"人想要化身为动物"这个主题，在非虚构文学当中，有个相当奇特有趣的例子，是查尔斯·佛斯特（Charles Foster）的《变身野兽：不当人类的生存练习》（台北：行人文化，2017）一书，该书作者将自己抛掷到五种动物的生活情境中，试图"变身"为动物。他以四肢爬行，像獾一样穴居，并以蠕虫为食——当然，基于獾是相当投机的杂食动物，他也不会拒绝朋友送来的烤鱼派；到水中学习水獭探索河流，让身体打开所有如鳞片般的耳朵捕捉声音；绕过狐狸身后，用狐狸的角度观看与嗅闻世界，体会它们如何捕捉气味的时间，从而建构出独特的"时间气味地理学"；练习以赤鹿的速度奔跑；并且到天空感受楼燕的高度，换算它们一生迁徙的距离与速度。这是一本没有特定伦理位置、没有答案甚至也不算成功的"生存练习"，可说是作者以人类的身份代替读者进行的角色扮演，特立独行的跨界挑战背后，同时也是有关存在与自我的哲学对话，可与

虚构文学中的"化身动物"主题对照阅读。

［56］ 高翊峰：《乌鸦烧》，页172—173。

［57］ 同上书，页198。

［58］ 引自《变迁留转》，页259—260。

［59］ 有关化人主义的讨论，可参考黄宗慧：《从母鹿到母猪：化人主义，行不行？》，《鸣人堂》，2017/08/04。

［60］ 唐娜·哈洛威（Donna J. Haraway）著，张君玫译：《猿猴、赛伯格和女人：重新发明自然》（台北：群学出版，2010），页291。

［61］ 引自保罗·克拉克（Paul Cloke）、菲利普·克朗（Philip Crang）、马克·古德温（Mark Goodwin）著，王志弘等译：《人文地理概论》（台北：巨流图书，2006），页419。

［62］ 同上书，页419。

［63］ 例如日本有位昵称为"八郎"的美术系学生，将烤鸡带到各景点拍出各种姿态，就被当成有趣的创作方式，但其作品其实也代表着消费社会下，鸡先被商品化再被符号化的现象，如许芳玮报道：《性感烤鸡的奔跑人生 日女大生特殊写真爆红》，"TVBS NEWS"，2016/06/01。

［64］ 引自《人文地理概论》，页59—60。

大众文学中的动物：寻回断裂的连结

［1］ 安伯托·艾可（Umberto Eco）著，张定绮译：《熊是怎么回事？》，《带着鲑鱼去旅行》（台北：皇冠出版，2000），页222。

［2］ 令人心惊的是，这类不当接触不只发生在动物园，即使在野外，许多民众对于野生动物也缺乏应有的距离。2017年5月，加拿大的史蒂夫斯顿（Steveston）码头就发生一起女孩被海狮拖入海中的事件，据推测事发当时应有游客无视码头禁止喂食野生动物的规定投喂面包，且海狮在拖女孩入水之前，就已进行一次跳扑的动作，众人却毫无警觉。所幸海狮很快松口，对人和海狮而言，都仅是虚惊一场。但这个看似偶发意外的事件背后，却与长期以来海狮一直被动物表演和儿童故事塑造成可爱的"明星动物"不无关系。可参见《加州海狮为何将女孩拖入海中？》，《国家地理杂志》，2017/05/24。

［3］ 参见李浩先编：《南非历险记》（台北：汉湘文化，2016）。

［4］ 山白朝子（乙一）著，王华懋译：《献给死者的音乐》（台北：独步文化，

2013），页 168—169。

［5］ 杨·马泰尔（Yann Marter）著，赵丕慧译：《少年 Pi 的奇幻漂流》（台北：皇冠出版，2012），页 330—331。原书中的对话为每句独立成行，在此为便于读者阅读，仅将其以双引号隔开。

［6］ 同上书，页 16。

［7］ 此为知名的"女王诉杜德利与史蒂芬案"：1884 年 5 月 19 日，船长汤姆·杜德利（Tom Dudley）、大副爱德恩·史蒂芬（Edwin Stephens）、水手爱德蒙·布鲁克（Edmund Brooks）与船舱服务员理查·帕克（Richard Parker）四人搭乘"木樨草号"（Mignonette）由南安普敦（Southampton）前往悉尼（Sydney），于 7 月 5 日发生船难，因逃至救生艇时未携带淡水，四人在苦撑约二十天后，杜德利和史蒂芬联手杀死了帕克。获救之后，两人被判绞刑，最后被特赦改判监禁半年。此案引发众多伦理与法律上的争议，许多讨论道德哲学的书籍皆曾引用。费迪南·冯·席拉赫（Ferdiand von Schirach）在其《可侵犯的尊严：一位德国律师对罪行的 13 个提问》（台北：先觉出版，2016）一书中，亦针对此案有详尽的讨论，可参阅之。

［8］ 整理并引用自大卫·爱德蒙兹（David Edmonds）著，刘泗翰译：《你该杀死那个胖子吗？：为了多数人幸福而牺牲少数人权益是对的吗？我们今日该如何看待道德哲学的经典难题》（台北：漫游者文化，2016），页 161—163。

［9］ 《少年 Pi 的奇幻漂流》，页 302、307。

［10］ 同上书，页 308。

［11］ 同上书，页 229。

［12］ 同上书，页 239。

［13］ 同上书，页 241。

［14］ 同上书，页 292。

［15］ 例如 2017 年 7 月，美国一群钓客捕获一只黑边鳍真鲨，用绳子绑住它的尾鳍，系在快艇上高速拖行，任其在海上痛苦翻滚，还一面嬉笑取乐，用手机拍下影片发送给其他人，完全不认为自己的行为有任何不妥。参见黄韵筑报道：《鲨鱼被高速拖行翻滚钓客竟哈哈大笑》，《中华电视公司》，2017/07/26。

［16］ J. K. 罗琳（J. K. Rowling）著，彭倩文译：《哈利·波特（1）：神秘的魔法石》（台北：皇冠出版，2000），页 241。

［17］ J. K. 罗琳（J. K. Rowling）著，彭倩文译：《哈利·波特（4）：火杯的考验》（台

北：皇冠出版，2001），页215。

［18］ 同上书，页254、283。

［19］ 茱迪思·夏朗斯基（Judith Schalansky）著，管中琪译：《长颈鹿的脖子》（台北：大块文化，2014），页18—22。

［20］ 茱迪丝·怀特（Judith White）著，邱俪译：《一千种呱呱声》（台北：时报文化，2015），页9。

［21］ 同上书，页82。

［22］ 同上书，页83。

［23］ 同上书，页146。

［24］ 同上书，页89。

［25］ 同上书，页98。

［26］ 同上书，页109。

［27］ 同上书，页214。

［28］ 小说中汉娜都称呼她的鸭子为he而非it，因此中译亦翻译成"他"，非误植。同上书，页290。

［29］ 同上书，页128。

［30］ 同上书，页327。

［31］ 哈尔·贺札格（Hal Herzog）著，李奥森译：《为什么狗是宠物，猪是食物？——人类与动物之间的道德难题》（台北：远足文化，2016），页163—164。

［32］ 朱川凑人著，孙智龄译：《光球猫》（台北：远流出版，2009），页158。

［33］ 同上书，页174。

［34］ 同上书，页186—187。

［35］ 小川洋子著，叶凯翎译：《婆罗门的埋葬》（台北：木马文化，2005），页172。

［36］ 引自"放它的手在你心上"志工小组编著：《放它的手在你心上》（台北：本事文化，2013），页116—117。

［37］ 彼得·辛格（Peter Singer）著，孟祥森、钱永祥译：《动物解放》（台北：关怀生命协会，1996），页18。

［38］ 例如他在接受香港《文汇报》田晓玲、祁涛访谈时，亦强调："因为你提到了爱护动物，那么首先让我来澄清一件事。我不觉得我自己是一个动物热爱者（animal lover），我自己不养任何宠物。我善待动物，痛恨对动物采取残忍行为，但这不是因为我爱它们。这是一个关乎公平正义、是非对错的问题，而与爱和不爱无关。"该访谈可参见"关怀生命协会"网站，全文转引田晓玲、祁涛：《善待动物关乎公平正义与是非》，2012/03/15。

［39］ 伊坂幸太郎著，王华懋译：《家鸭与野鸭的投币式置物柜》（台北：独步文化，2008），页 183。

［40］ 隐匿：《河猫——有河 book 街猫记录》（台北：有河文化，2015），页 192。